EL GRAN LIBRO DE EJERCICIOS PARA EL CEREBRO

¡Entrena tu mente!

Dr. Fraser Smith

EL GRAN LIBRO DE EJERCICIOS PARA EL CEREBRO

¡Entrena tu mente!

Amat editorial

Amat Editorial es un sello de Profit Editorial I., S.L.
Travessera de Gràcia, 18-20, 6º 2ª. 08021 Barcelona

Diseño de cubierta: XicArt
Maquetación: Idemmedia

ISBN: 978-84-9735-683-1
Depósito Legal: B 10152-2022
Primera edición: Junio de 2022

Impresión: Gráficas Rey
Impreso en España — *Printed in Spain*

ESTE LIBRO ES SOLO UNA GUÍA GENERAL y no debe sustituir el conocimiento y la experiencia de un profesional médico calificado que se ocupe de los hechos, circunstancias y síntomas de un caso particular.

La información nutricional, médica y de salud presentada en este libro se basa en la investigación, la formación y la experiencia profesional del autor. Sin embargo, este libro está destinado únicamente a ser una guía informativa para quienes deseen saber más sobre salud, nutrición y medicina; no pretende reemplazar ni contradecir el consejo dado por el médico personal del lector. Debido a que cada persona y situación son únicos, el autor y el editor instan al lector a consultar con un profesional de la salud cualificado antes de utilizar cualquier procedimiento sobre cuya idoneidad haya dudas. Se debe consultar a un médico antes de comenzar cualquier programa de ejercicios. El autor y el editor no son responsables de los efectos adversos o consecuencias que resulten del uso de la información de este libro. Es responsabilidad del lector consultar a un médico u otro profesional de la salud cualificado con respecto a su cuidado personal.

Este libro contiene referencias a productos que pueden no estar disponibles en todas partes. La intención de la información proporcionada es ser útil; sin embargo, no hay garantía de resultados asociados con la información proporcionada.

El uso de nombres de ciertas marcas es solo con fines educativos, lo que no implica que haya respaldo por parte de estas.

Las recetas de este libro han sido cuidadosamente probadas en nuestra cocina y por nuestros catadores. Hasta donde sabemos, son seguras y nutritivas para el uso común. En el caso de aquellas personas con alergias alimentarias o de otro tipo, o que tengáis necesidades alimentarias especiales o problemas de salud, leed atentamente el contenido sugerido de cada receta y determinad si os puede crear un problema. El uso de todas las recetas es por cuenta y riesgo de cada consumidor.

No podemos ser responsables de ningún riesgo, pérdida o daño que pueda darse como resultado del uso de cualquier receta. Aquellas personas con necesidades especiales, alergias, requerimientos o problemas de salud, en caso de cualquier duda, por favor contactad con vuestro asesor médico antes de usar cualquier receta.

La edición original de esta obra ha contado con la colaboración de Magda Fahmy (nutricionista), Sue Sumeraj y Tina Anson Mine (editoras), Kelly Jones (redactora) y Gillian Watts (correctora).

Índice

Este libro está dedicado a mi familia,
quienes lo han hecho posible
y por quienes todo vale la pena.

Introducción

SI ENCIENDES EL TELEVISOR en cualquier momento a partir de la medianoche y hasta las seis de la mañana, en muchos canales privados verás que se publicitan distintos sistemas y aparatos de ejercicio para mejorar la salud y tonificar el cuerpo. Por todas partes encontramos centros de salud y *fitness*, o de yoga o artes marciales. Todo esto es genial, porque el cuerpo anhela movimiento y ejercicio. Pero lo cierto es que, a medida que envejecemos, hay otra parte de nuestro cuerpo que necesita ser utilizada, estimulada y fortalecida: nuestro cerebro, que controla nuestro cuerpo y alberga los recuerdos y pensamientos. A menudo damos por sentado las funciones y la fiabilidad de nuestro cerebro, o simplemente esperamos que con la edad no disminuyan demasiado rápido. Esto es un error, porque la experiencia y la ciencia emergente en el tema de las habilidades cognitivas (pensamiento y desarrollo cerebral) demuestran claramente que el cerebro responde al trabajo: entrenar el cerebro produce cambios en su funcionamiento.

El dicho «úsalo o piérdelo» es cierto cuando se trata de nuestros recursos mentales, pero hay un detalle adicional importante. A medida que envejecemos, debemos evitar la trampa de limitarnos a repetir comportamientos y habilidades que dominamos desde hace mucho tiempo. Para sentirnos jóvenes, debemos actuar como los jóvenes: debemos adquirir y practicar nuevas habilidades, desarrollar nuevos conocimientos y crear nuevas experiencias. La novedad despierta, literalmente, el cerebro y le aporta la información necesaria para alcanzar un óptimo rendimiento.

Vivimos en una era en la que el entrenamiento cerebral se ha basado mucho en el uso de productos electrónicos o informáticos, como las videoconsolas o el ordenador (y cada vez más el móvil). Aunque es cierto que algunas tareas mentales parecen mejorar con el entrenamiento mediante estos aparatos, su valor real puede que no sea uniforme entre distintas personas, por lo que su beneficio global aún no está claro. En este libro comparto mi perspectiva de que cualquier tipo de ejercicio mental debe fomentar el uso de una variedad de aspectos de nuestra inteligencia, en especial aquellos que están poco desarrollados o incluso inactivos. Eso significa realizar y experimentar una variedad de actividades en diferentes entornos.

Yo creo que debemos usar las manos y la cabeza y tener experiencias en el mundo real, y no ante la pantalla pixelada de nuestro ordenador. Aunque el entrenamiento del cerebro mediante artilugios informáticos es un recurso maravilloso, este libro adopta un enfoque más holístico. Espero que su lectura te proporcione instrucciones muy útiles de cómo cuidar tu mente para que puedas vivir, trabajar, comer, jugar y amar con plenitud a lo largo de tu vida.

Dr. Fraser Smith
Lombard, Illinois

Los 4 pasos del programa completo de ejercicios mentales

1. **Entrena algo más que la memoria.** La mayoría de los libros de ejercicios para el cerebro se centran en prevenir y tratar la pérdida de memoria debido al envejecimiento y las enfermedades. Este libro no solo cubre este tipo de entrenamiento de la memoria, sino que también ofrece ejercicios que te ayudarán a preservar y, posiblemente, mejorar tu velocidad mental, tu agudeza visual y del lenguaje, tu crecimiento sensorial y tus habilidades motrices. A menudo, en función de nuestra actividad profesional o aficiones, trabajamos demasiado ciertas partes de nuestro cerebro, por lo que descuidamos las demás. Esto no solo comporta la existencia de un potencial sin explotar, sino que la forma repetitiva en la que usamos nuestro cerebro a medida que envejecemos es todo lo contrario de lo que necesitamos. Al estimular nuestras habilidades mentales y, lo que es más importante, al utilizar una variedad de aspectos diferentes de nuestra inteligencia, podremos mantener mejor todas nuestras habilidades cognitivas.

2. **Prevén y repara pérdidas.** La recuperación de las funciones cerebrales que hemos perdido es otra prioridad común de los programas de ejercicio mental. Este libro no solo cubre las estrategias para recuperar dichas funciones, sino también cómo se pueden prevenir estas pérdidas (incluso cuando son el resultado de una enfermedad neurológica).

3. **Alimenta tu cerebro con una dieta saludable.** En la mayoría de los libros de ejercicios para el cerebro no se suele abordar a fondo la importante relación entre la salud del cerebro y la alimentación. En estas páginas, verás que la dieta y la nutrición poseen un

espacio destacado, con listas detalladas de alimentos para el cerebro, distintos planes de menús y sabrosas recetas.

4. **Aprende y diviértete al mismo tiempo.** Aunque este libro contiene mucha información científica y contrastada, resulta tan entretenido como práctico. Los juegos son tan divertidos como los que podrías encontrar en otros libros de ejercicios mentales, pero están más enfocados hacia actividades interactivas que te permitan evaluar la salud de tu cerebro y ser testigo de tu crecimiento a medida que realizas los ejercicios.

PARTE 1

Más que memoria

Envejecer de forma natural

Todo el mundo envejece; es un hecho de la vida. Es cierto que esta realidad es más fácil de ignorar durante nuestra juventud, cuando todavía estamos creciendo, cambiando y madurando. Pero, un día, todos nos damos cuenta de que nuestros cuerpos, tal como son, no fueron hechos para durar para siempre.

Lo que sabemos sobre el envejecimiento

Las causas del envejecimiento se han empezado a comprender parcialmente ahora, en pleno siglo XXI. Hoy sabemos que la capacidad de nuestras células para dividirse y crear nuevas células sanas es limitada, y también que no pueden reemplazarse a sí mismas. Una vez que las células viejas han sufrido suficiente desgaste, dejan de funcionar con normalidad. Las únicas células que parecen reproducirse sin cesar (hasta donde los científicos han podido observar) son ciertas células cancerosas, que pierden toda relación con su función habitual y cuyos mecanismos normales de control del crecimiento han sido destruidos.

Quizás te estés preguntando: «Si las células tienen una capacidad limitada para dividirse y crear otras nuevas, ¿cómo ha podido la raza humana transmitir genes e información celular y sobrevivir de generación en generación?». La respuesta es que la reproducción sexual permite que dos personas combinen sus genes para crear un organismo completamente nuevo, comenzando desde el principio. Cuando esto sucede, el reloj celular se pone a cero, por lo que la nueva persona tiene la oportunidad de realizar muchísimas divisiones celulares a medida que su cuerpo crece. Durante la infancia (salvo en el caso de algunas enfermedades genéticas congénitas y, por desgracia, algunos casos de cáncer en los más pequeños), las células crecen fácilmente y de forma rápida. Los órganos y otros tejidos también crecen con rapidez, pero según un plan. Sin embargo, aunque a medida que envejecemos podemos continuar produciendo nuevas células, lo cierto es que la división celular se vuelve menos eficiente y comienza a desarrollar algunos problemas.

A medida que envejecemos, la división celular se va viendo limitada por un factor en particular. Cuando una célula se está dividiendo, primero debe copiar su propio material genético (los cromosomas o el mapa genético de tu cuerpo) y luego alinear las dos copias para que pueda dividirse por la mitad y crear una célula nueva. Las «poleas» que alinean los cromosomas se llaman telómeros. Cuando nacemos, estas proteínas tienen una longitud determinada que se va reduciendo a medida que vamos creciendo. Cuando llegamos a la vejez, nuestros telómeros ya se han acortado de forma significativa, por lo que dejan de funcionar.

Preguntas frecuentes (FAQS)

P. ¿La tecnología nos permitirá vivir más tiempo?

R. Es probable que los avances científicos prolonguen la esperanza de vida humana. Actualmente se está debatiendo sobre la posibilidad de que, un día, muchas personas puedan vivir hasta los 120 años si usan medicamentos preventivos, se someten a intervenciones quirúrgicas y médicas y siguen una forma de vida que cuide los aspectos esenciales de la salud, como una nutrición óptima, dormir las horas necesarias, hacer ejercicio, etc. Esta posibilidad no parece tan descabellada cuando se piensa en las posibilidades inherentes al uso de injertos de tejido, como los que usan células madre del cordón umbilical (células regenerativas extraídas del cordón umbilical de un bebé inmediatamente después del nacimiento, que se congelan para uso futuro). Aunque todavía se halla en fase experimental, se han publicado informes sorprendentes sobre la inyección de células madre en el sistema nervioso central para ayudar a las víctimas de accidentes cerebro-vasculares. Existen varias fuentes de células madre y formas de administrarlas, pero es un campo nuevo y complejo. Un célebre exjugador de hockey canadiense que en 2014 sufrió un derrame cerebral recibió una inyección de células madre en un hospital que realizaba esta nueva terapia. Unos meses después, recuperó el habla y pudo empezar a jugar al hockey con sus nietos. En la actualidad se están desarrollando varias investigaciones científicas sobre tratamientos con células madre para enfermedades neurológicas como la esclerosis múltiple.

La vida cotidiana afecta a las células

La vida normal afecta a la capacidad de nuestras células para reproducirse. Las diversas toxinas y sustancias químicas reactivas a las que nuestras células están expuestas con regularidad pueden crear daños que simplemente no podemos reparar, y nuestro ADN es propenso a este tipo de daño.

El oxígeno es un buen ejemplo de un factor cotidiano que puede dañar las células en las condiciones adecuadas. La molécula de oxígeno puede adoptar formas inestables que reaccionan con otras sustancias químicas; un clavo oxidado o una puerta oxidada ofrecen un buen ejemplo del daño que puede provocar el oxígeno. Este elemento es esencial para la vida humana y entra en nuestras células a cada momento. Pero también puede reaccionar con nuestros componentes celulares (incluido el ADN) y dañarlos. Tenemos defensas naturales contra esto, pero con el tiempo el cuerpo se ve afectado por el daño causado por el oxígeno y por otros compuestos reactivos.

A medida que el ADN, los componentes celulares, ciertas hormonas y otras sustancias químicas corporales se desequilibran y se dañan, el cuerpo sufre alteraciones en su funcionamiento. A pesar de ello, somos seres increíblemente adaptables. Nuestros órganos pueden seguir funcionando por debajo de su plena capacidad, ya que el resto del cuerpo puede compensar, hasta cierto punto, un órgano débil. Pero estas compensaciones, como la retención de agua en una persona con insuficiencia cardiaca o la producción de orina concentrada por una persona deshidratada, tienen un precio. Con el tiempo, la adaptabilidad se erosiona, la degeneración se acelera y el cuerpo ya no puede realizar el milagroso acto de equilibrio que llamamos vida.

¿Sabías que...?

Neurotransmisores

Cuando los neurotransmisores se ven afectados por una enfermedad o por ciertos medicamentos, pueden producirse varios efectos adversos diferentes en el cuerpo. Enfermedades como el Alzhéimer y el Párkinson están asociadas con déficits en ciertos neurotransmisores.

Funcionamiento normal del cerebro

La vida humana y las funciones corporales dependen del cerebro. Cuando está sano, bien alimentado y funcionando correctamente, asegura la correcta comunicación entre todos los sistemas del cuerpo y es el hogar de los pensamientos, los recuerdos y la creatividad. Para entender cómo envejece el cerebro de forma natural, resulta muy útil saber cómo funciona un cerebro normal y saludable. Cuanto más aprendemos sobre las diferentes tareas que realiza nuestro cerebro y cómo usamos sus diferentes áreas para realizar esas tareas, mejor entendemos la necesidad de ejercitarlo.

Conceptos básicos relacionados con el cerebro

El cerebro es una estructura extremadamente compleja, hecha de tejido y nervios, que controla todo lo que hacemos, desde acciones voluntarias (como caminar) hasta acciones involuntarias (como respirar). El cerebro es responsable de comunicarse a cada momento con todas las demás partes del cuerpo a través del sistema nervioso central (SNC) y el sistema nervioso periférico (SNP). El cerebro también es el responsable de la gestión de nuestras emociones y pensamientos, y de nutrir nuestros recuerdos a corto y largo plazo.

Los científicos están descubriendo lentamente sus secretos, pero en muchos sentidos el cerebro sigue siendo una nueva frontera, por lo que la comprensión de las enfermedades relacionadas con el envejecimiento continúa desafiando a los neurólogos. Sin embargo, no es necesario realizar un curso de neuroanatomía para comprender las estructuras y funciones del cerebro que se relacionan con las enfermedades vinculadas con el envejecimiento. Es apasionante saber cómo funcionan con normalidad nuestros cerebros, ya que nos permite entender cómo a veces dejan de funcionar tan bien a medida que envejecemos.

Función de la neurona

El cerebro adulto contiene entre 80 000 y 100 000 millones de células. Cada célula tiene alrededor de 100 000 conexiones con otras células. También conocidas como *neuronas*, estas células envían una señal electroquímica (una pequeña corriente eléctrica) a lo largo de su revestimiento, o membrana, hasta que esta señal llega al extremo de una de las ramas de otra célula. Allí provoca la liberación de un compuesto químico que se adhiere a la siguiente neurona de la cadena, lo que genera una nueva señal. Estos productos químicos se denominan *neurotransmisores*.

Función de la neurona

Cada neurona tiene un cuerpo celular, que mantiene la vida de esa célula, así como partes especializadas que incluyen un axón y dendritas. El axón envía señales a otras neuronas, generalmente miles de ellas. Las dendritas reciben señales de otras neuronas. La comunicación entre dos neuronas, conocida como *sinapsis*, se realiza mediante sustancias químicas conocidas como *neurotransmisores*.

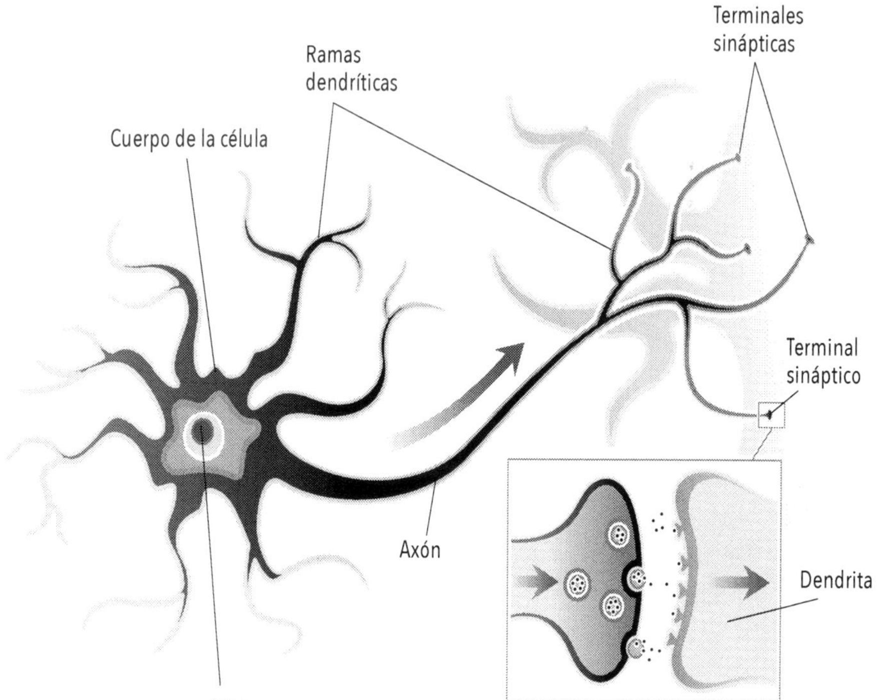

Terminal sináptico (ampliación)

Tipos de neurotransmisores

Los neurotransmisores pueden ser excitadores (provocan que una neurona se dispare) o inhibidores (evitan que una neurona se dispare). Algunos de los principales neurotransmisores excitadores son las monoaminas químicas, que incluyen la adrenalina, la noradrenalina, la histamina, la serotonina y la dopamina. La interrupción de la producción de dopamina en el cerebro es un factor causal de la enfermedad de Parkinson. Algunos de los principales neurotransmisores inhibidores son la serotonina y el ácido gamma-aminobutírico (GABA). Otros neurotransmisores serían la acetilcolina y los aminoácidos.

- **Acetilcolina**
- **Aminoácidos:** ácido gamma-aminobutírico (GABA) y aspartato de glutamato de glicina
- **Monoaminas:** adrenalina, noradrenalina, histamina, serotonina y dopamina
- **Neuropéptidos:** oxitocina, endorfinas y vasopresina

Anatomía del cerebro

El cerebro generalmente se divide en prosencéfalo (o cerebro anterior), mesencéfalo (o cerebro medio) y rombencéfalo (o cerebro posterior). El prosencéfalo es una región con tres componentes distintos: el *cerebrum* (o telencéfalo), el tálamo y el hipotálamo. Al hipotálamo se unen algunas otras estructuras especializadas que generan respuestas emocionales para formar el sistema límbico. El mesencéfalo contiene el *tectum* y el tegmento; el rombencéfalo contiene el cerebelo, el puente de Valorio y el bulbo raquídeo. Una parte esencial para mantener en funcionamiento los sistemas básicos del cuerpo (como la respiración) es el tronco del encéfalo, que se puede describir como el mesencéfalo más la protuberancia y el bulbo raquídeo. Todas estas partes del cerebro interactúan a través de una serie de redes y circuitos de retroalimentación.

Prosencéfalo

El *cerebrum*, el tálamo y el hipotálamo forman el prosencéfalo. La glándula pituitaria está conectada al hipotálamo y segrega hormonas que regulan la homeostasis (o equilibrio entre los diversos sistemas corporales y el cerebro).

Rombencéfalo

El cerebro posterior es responsable de las funciones básicas de la vida, como la respiración, los latidos del corazón y la presión arterial. El rombencéfalo está formado por la protuberancia (o puente de Varolio), el bulbo raquídeo y el cerebelo. Las dos primeras estructuras también se conocen como tronco del encéfalo, que se fusiona con la parte superior de la médula espinal. La protuberancia es un puente que conecta el bulbo raquídeo con la médula espinal y gobierna el sistema autónomo, incluida la digestión, la temperatura corporal y la frecuencia cardiaca. Esta parte del cerebro es común a muchos otros organismos vivos, incluidos todos los animales. El tronco del encéfalo se relaciona con el control del sistema cardiovascular, el control del sistema respiratorio, el control de la sensibilidad al dolor, el estado de alerta y la conciencia. En algunas enfermedades neurológicas, como los traumatismos craneoencefálicos, el daño al tronco del encéfalo puede poner en peligro la vida.

> **¿Sabías que...?**
>
> **Neuroplasticidad**
>
> Los científicos han descubierto que el cerebro puede «reasignar» funciones a nuevas áreas. Cuando una persona pierde una parte del cerebro a causa de una enfermedad, otras partes del cerebro asumen su función. Hay límites en cuanto al alcance y la velocidad a la que esto puede ocurrir, pero siguen siendo notables. Este proceso se llama *neuroplasticidad*.

Cerebelo

El cerebelo forma parte del rombencéfalo pero tiene cierta semejanza estructural con el *cerebrum*, con dos hemisferios y una corteza. El cerebelo participa en la regulación y coordinación del movimiento, la postura y el equilibrio. El cerebelo también actúa como fuente de aprendizaje, memoria y control de movimientos coordinados. Para que un bailarín pueda aprender una rutina de baile compleja, el cerebelo debe estar involucrado. El cerebelo no solo asegura el buen funcionamiento del sistema motriz, sino que también participa en el sistema general de procesamiento del pensamiento por parte del cerebro. En algunas enfermedades neurológicas, como el síndrome de Wernicke-Korsakoff (provocado por el consumo excesivo de alcohol a largo plazo y el déficit de vitamina B1), el cerebelo pierde el control de las funciones motrices.

Sistema nervioso periférico

El sistema nervioso periférico (SNP) consta de nervios y ganglios fuera del cerebro y la médula espinal. La función principal del SNP es conectar el sistema nervioso central (SNC) con las extremidades y los órganos, por lo que esencialmente sirve como distribuidor de comunicación de ida y vuelta entre el cerebro y las extremidades. A diferencia del SNC, el SNP no está protegido por los huesos de la columna y el cráneo, ni por la barrera hematoencefálica, por lo que queda expuesto a toxinas y lesiones mecánicas.

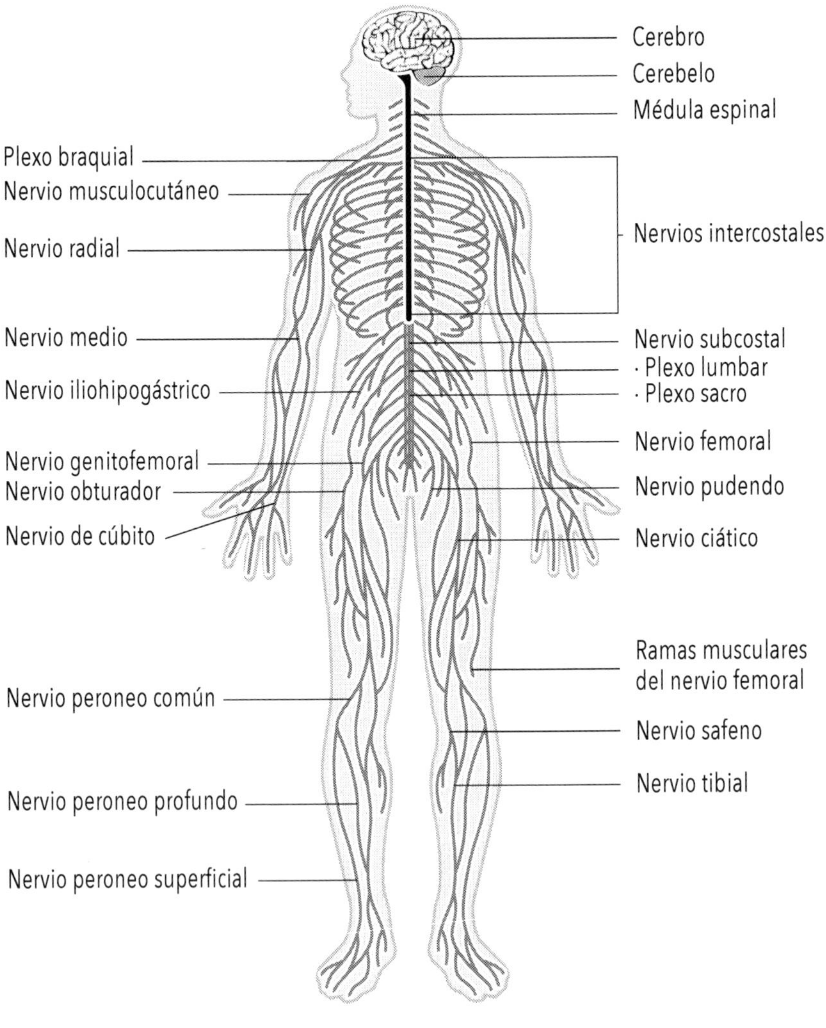

El cerebelo como asistente ejecutivo

El cerebelo es como un minicerebro ubicado en la parte posterior del cerebro. Si bien puede que no se encuentre en el sitio donde se producen los pensamientos más elevados y abstractos, el cerebro no funcionaría sin él. El cerebelo coordina los patrones de movimiento y muchas otras funciones. Tanto si eres una gimnasta de élite que está aprendiendo una rutina complicada como si eres una persona normal que conduce un coche o que trabaja, el cerebelo ayuda a ejecutar y coordinar movimientos musculares complejos. También recopila información y ayuda a tomar decisiones y a actuar en consecuencia. A medida que tu cerebro recibe información sensorial, el cerebelo contribuye a presentar información relevante a las partes del cerebro que tienen un pensamiento superior (al igual que cualquier asistente eficiente presenta el trabajo prioritario a un superior según un horario o una lista de tareas). Los centros superiores del cerebro pueden enviar señales rápidas a otras partes del cerebro. La buena noticia es que el cerebelo es neuroplástico, lo que significa que puede responder al entrenamiento y volverse más fuerte y flexible.

Términos neurológicos clave

***Ateroesclerosis*:** afección caracterizada por el desarrollo en arterias de tamaño mediano de una capa de placa que puede obstruir el vaso o provocar un coágulo de sangre.

***Cognición*:** término que se refiere a los procesos mentales involucrados en la adquisición de conocimiento y comprensión. Estos procesos incluyen pensar, saber, recordar, juzgar y resolver problemas.

***Crónico/a*:** afección que se extiende por un periodo prolongado de tiempo. Los criterios exactos dependen de la afección, pero, por definición, se trata de meses o años (o décadas).

***Demencia*:** proceso por el que el pensamiento, la memoria y el control de la conducta se erosionan hasta convertirse en lo que suele ser un estado permanente de discapacidad. La demencia tiene varios grados de gravedad. La enfermedad es progresiva, pero puede desarrollarse lentamente. La demencia no debe confundirse con el delirio, que es una pérdida temporal de orientación en relación con un lugar o unas personas, y que puede resultar en un comportamiento descontrolado o incluso violento.

→

Términos neurológicos clave

***Isquemia*:** término relativo al fenómeno por el cual se interrumpe el suministro de sangre (y, por tanto, el suministro de oxígeno) a un tejido. Los accidentes isquémicos que duran poco más de unos minutos generalmente conducen a la muerte celular. Los accidentes isquémicos en el corazón a menudo se denominan *infarto de miocardio* y, en el cerebro, *infarto cerebral* o *accidente cerebrovascular* (aunque existen distintas variantes).

***Lesión cerebral traumática*:** daño al cerebro causado por una fuerza física, que puede provocar la pérdida o disminución del conocimiento y cambios a largo plazo en la personalidad, el estado de ánimo y la función cognitiva. No es un cambio degenerativo en el sentido en que lo es la enfermedad de Alzheimer, pero pueden darse problemas crónicos y progresivos en el pensamiento y en el estado de ánimo, que se intensificarán si no se tratan.

***Neurología*:** diagnóstico y tratamiento de enfermedades del sistema nervioso.

***Neuroplasticidad*:** fenómeno por el cual el cerebro puede volver a aprender ciertas habilidades y reasignar, o reescribir, información y recuerdos en nuevas áreas cerebrales. Este fenómeno está relacionado con la capacidad del cerebro para generar nuevas células o remodelar las conexiones existentes, a menudo en el hipocampo (una región del cerebro fundamental para el aprendizaje y la memoria que puede crecer de forma activa incluso a lo largo de la vida).

***Patología*:** el estudio de las causas, procesos y resultados de una enfermedad. La patología puede dirigirse al estudio de las células, los componentes de estas (como el núcleo y el ADN, o ácido desoxirribonucleico), los tejidos y los órganos, así como los efectos de la enfermedad en las funciones generales del cuerpo.

***Placa ateroesclerótica*:** excrecencia en el revestimiento interno de los vasos sanguíneos que se compone de colesterol, glóbulos blancos muertos, proteínas y, finalmente, calcio. Las placas pueden bloquear las arterias y endurecer sus paredes.

***Sistema nervioso central*:** sistema compuesto por el cerebro y la médula espinal, donde la información de los sentidos se transmite al cerebro, se produce el pensamiento y el aprendizaje, y se originan las señales de control de los músculos.

Deterioro de las funciones cerebrales

Cada día, los científicos siguen aprendiendo más sobre el cerebro, un órgano extremadamente complejo. Incluso las regiones relativamente pequeñas del cerebro, como el cerebelo, tienen microestructuras y funciones distintivas muy diferentes de las otras partes del cerebro. Cuando una parte del cerebro está dañada, se dan una serie de efectos predecibles, y algunos sorprendentes.

Envejecimiento y demencia

A medida que el cerebro envejece pueden producirse varios niveles de deterioro en sus funciones. Un grave ejemplo, y por desgracia común, de deterioro funcional es la demencia. En estas condiciones, el pensamiento, la memoria, el estado de ánimo y el aprendizaje se ven gravemente afectados. La enfermedad de Alzheimer es un tipo de demencia bien conocida. Roba a sus víctimas la capacidad de aprender y, finalmente, borra sus recuerdos más importantes. Es posible que las partes aisladas de tejido cerebral sano continúen funcionando con normalidad, pero el poder cognitivo (pensamiento) general de una persona con demencia se reduce de manera considerable.

Deterioro cognitivo leve

Un tipo de envejecimiento cerebral más leve pero generalizado también se observa en los adultos mayores y, a menudo, se acepta como una parte inevitable de la vida. Los médicos llaman a esta condición *deterioro cognitivo leve* y la mayoría de la gente piensa que es el resultado del proceso normal de envejecimiento. Hay muchos ejemplos de personas mayores que han perdido sus capacidades cognitivas pero no

¿Sabías que...?

Demencia vascular

Uno de los muchos tipos de demencia es la demencia vascular, que es causada por el envejecimiento del sistema vascular. Las células del cerebro están incrustadas en una vasta estructura de vasos sanguíneos. Esta red y sus funciones se deterioran con el tiempo en pacientes que tienen aterosclerosis (comúnmente llamada *endurecimiento de las arterias*) y enfermedad de los vasos pequeños (que es causada por la acumulación de depósitos de colesterol, diabetes y otros factores). Como resultado de este deterioro funcional, las células cerebrales mueren lentamente.

sufren demencia. El aprendizaje, los reflejos, la memoria y la toma de decisiones pueden ralentizarse considerablemente entre los veinte y los cincuenta años. Los más jóvenes suelen estar al margen de esta ralentización: solo míralos jugar y verás que están en su máxima capacidad física y mental.

Sin embargo, gracias a la investigación de un gran número de casos particulares los científicos han podido demostrar que las personas pueden mantener su velocidad mental a medida que envejecen. De hecho, las personas pueden compensar leves disminuciones en la velocidad mental con una mayor eficiencia en el pensamiento, con experiencia o con sabiduría. Por desgracia, muchas personas mayores no toman medidas para ayudar a sus cerebros a mantener el máximo rendimiento. Aunque a menudo esta realidad es más que comprensible: las personas que están enfermas y que sufren dolores pueden tener dificultades para participar en actividades que enriquezcan su aprendizaje, y las personas con problemas de movilidad o que están socialmente aisladas pueden carecer de la estimulación que todos necesitamos. Sin embargo, la falta de estimulación cerebral garantiza casi por completo que pronto comenzarán a ver una disminución de su agudeza mental, incluso si no tienen una enfermedad progresiva como la enfermedad de Alzheimer.

Envejecimiento prematuro

El envejecimiento prematuro puede estar provocado por muchos factores, incluido el envejecimiento prematuro del cerebro. Un factor clave para prevenirlo es mantener un buen estado nutricional o asegurarse de que el cuerpo obtenga los nutrientes que necesita. La reparación y regeneración de nuestras células depende de que tengan a mano los ladrillos de construcción adecuados.

Los peligros de los radicales libres

Cuando tu nutrición es lo suficientemente buena como para mantenerte con vida, pero no es óptima, el cuerpo puede estar más expuesto a los daños que causa la vida cotidiana. Los radicales libres son un ejemplo común que es fácil de entender (consulta el recuadro lateral). Nuestras células y sus componentes, incluidos nuestros genes, están expuestos al daño de los radicales libres. Este fenómeno se conoce como *estrés oxidativo* y es una realidad. Los centros de energía de nuestras células, llamadas *mitocondrias*, usan oxígeno para generar energía y, como consecuencia, puede ocasionarse algún «daño colateral».

¿Sabías que...?

Radicales libres

Los electrones ayudan a formar enlaces químicos entre los átomos. Un radical libre es un compuesto que intenta tomar un electrón de otra molécula o darle un electrón a otra. Cuando un electrón es arrancado de una molécula (como una proteína) por un radical libre reactivo, daña la molécula donante. Ciertas formas de oxígeno son radicales libres bien conocidos.

La lucha contra los radicales libres

La buena noticia es que el cuerpo produce poderosas enzimas que actúan como escudos contra los radicales libres. En realidad, estas enzimas pueden descomponer algunos de ellos y hacerlos relativamente inofensivos. La vitamina C y muchos compuestos de origen vegetal también actúan como moléculas de sacrificio que «absorben» los radicales libres y previenen el daño. Cuando estás agotado nutricionalmente y/o bajo el ataque de los generadores de radicales libres (consulta el recuadro a continuación), el estrés oxidativo puede correr desenfrenado por tu cuerpo.

Generadores de radicales libres

Los radicales libres están presentes de forma natural en las células. Pero algunos comportamientos y factores ambientales pueden generar compuestos adicionales de radicales libres en el cuerpo. Estos compuestos imponen demandas bioquímicas al cuerpo y causan daño celular. Algunos ejemplos son:

- Fumar: esta adicción golpea con fuerza el sistema vascular y el tejido pulmonar, y agota las reservas corporales de antioxidantes, como la vitamina C
- La contaminación del aire
- Toxinas en alimentos y agua
- Algunos medicamentos, en exceso
- Comida quemada, incluida la cocinada a la parrilla

Estrés y envejecimiento

El estrés es otro factor que puede acelerar el envejecimiento. En realidad, el estrés es la reacción natural del cuerpo a los acontecimientos de la vida. La mayoría de las personas están familiarizadas con la respuesta al estrés agudo, comúnmente llamada *reacción de lucha o huida*. Cuando algo te asusta o te pone en peligro, tu cuerpo se pone en marcha. La sangre corre a tus músculos para permitir una escapada rápida o una pelea, tus reflejos se aceleran y tu frecuencia cardiaca se dispara.

De lo que mucha gente no se da cuenta es de que, cuando esta excitación inicial desaparece, se supone que el cuerpo regresa a un estado de equilibrio normal. Y ese definitivamente será el caso si el factor estresante (lo que provoca la reacción de lucha o huida) finaliza. Después de todo, ser perseguido por un animal salvaje o perderse en una carretera es un incidente temporal.

Estrés crónico

El Dr. Hans Selye, el gran científico y «padre» de la investigación sobre el estrés que desarrolló sus teorías en la primera mitad del siglo XX, descubrió que los cuerpos humanos producen una mayor cantidad de la hormona llamada cortisol cuando experimentan estrés prolongado. Los estudios científicos modernos han confirmado este hecho una y otra vez. Como resultado del exceso de cortisol, el sistema inmunológico se debilita, la digestión se ralentiza y la presión arterial aumenta. A largo plazo, el estrés deja de ser adaptativo y empieza a hacernos daño.

Un poco de estrés es bueno; de hecho, la vida debería desafiarnos. Pero el estrés prolongado e implacable, como permanecer en situaciones en las que nos sentimos atrapados, puede envenenar nuestros cuerpos con hormonas del estrés, lo que conduce a un envejecimiento prematuro.

Aunque no siempre podemos cambiar fácilmente nuestras circunstancias, hay muchas cosas que podemos hacer para modifi-

> **¿Sabías que...?**
>
> **Estrés visible**
>
> El envejecimiento causado por el estrés no es invisible. Puedes verlo de forma empírica. Cuando las personas han pasado por un periodo terrible de la vida, pueden parecer mucho mayores que sus compañeros más afortunados. Esta es la manifestación externa de años de tensión.

car nuestra respuesta al estrés. Técnicas como la atención plena y la relajación cuerpo-mente pueden alterar tanto nuestro estado físico como mental. Pasar tiempo con amigos o familiares y exponernos a entornos naturales puede ayudarnos a restaurar nuestra sensación de bienestar. En algunos casos, las intervenciones directas de un psicólogo o psicoterapeuta, como la terapia cognitivo-conductual, pueden ayudarnos a reescribir nuestra percepción de las cosas, para aprender nuevas respuestas a nuestros desafíos.

Úsalo o piérdelo

El viejo dicho «si no lo usas, lo perderás» es particularmente cierto en relación con el cerebro. Cuando no ejercitas ni desafías a este órgano vital, los efectos del tiempo y el envejecimiento pueden vencerlo rápidamente. La resolución de problemas, la velocidad de procesamiento y el pensamiento pueden ir cuesta abajo.

Otro escollo es repetir patrones de comportamiento habituales. El cerebro es bueno para aprender y reproducir los mismos comportamientos registrados una y otra vez. Esto hace que las personas sean eficientes en cosas como conducir un automóvil o realizar tareas rutinarias. Pero si pasas décadas haciendo el mismo trabajo, realizando los mismos *hobbies* y visitando los mismos lugares sin aprender nada nuevo, tu cerebro puede perder la capacidad de aprender que tenía antes.

Neuroplasticidad

La neuroplasticidad es la capacidad del cerebro para cambiar y adaptarse como respuesta a ciertas necesidades. Un excelente ejemplo es cuando una persona pierde tejido cerebral como consecuencia de un derrame cerebral pero aprende a caminar de nuevo. Sorprendentemente, con la ayuda de la terapia, otras partes del cerebro pueden aprender a controlar el acto de caminar. La neuroplasticidad es también la razón por la que el hipocampo, un área pequeña en el centro del cerebro que controla nuevos recuerdos, asociaciones y aprendizajes, puede regenerarse si se estimula lo suficiente.

Nuevas células, mejores funciones

Afortunadamente, el cerebro humano tiene una capacidad asombrosa para crear nuevas conexiones. Durante algún tiempo, los científicos creyeron que las personas desarrollaban un número finito de células cerebrales al final de la infancia y luego las perdían lentamente con el tiempo. El relato de entonces decía que, en la vejez, nuestras células disminuían y nuestro destino era debilitarnos mentalmente. Y aunque se afirmaba que no era posible reiniciar el reloj y desarrollar nuevas células cerebrales, los estudios modernos han demostrado que esto es exactamente lo que puede llegar a suceder. Hay límites para nuestro potencial de crecimiento, pero las personas pueden seguir forjando nuevas células cerebrales a lo largo de su vida.

Preguntas frecuentes (FAQS)

P. ¿Cómo puedo estimular mi cerebro para que establezca nuevas conexiones?

R. La creación de nuevas células cerebrales requiere el trabajo conjunto de varios factores. Primero, una circulación sanguínea saludable y una nutrición adecuada son primordiales. En segundo lugar, el cerebro no puede ser atacado por ninguna enfermedad agresiva y/o progresiva. En tercer lugar, no puedes repetir los patrones de ayer: debes aprender cosas nuevas para mantener el cerebro activo en el futuro; eso significa aprender nuevos conceptos y tener experiencias novedosas. El cerebro necesita ser necesario: para mantenerse sano, debe tener nuevas conexiones que le permitan responder a nuevas informaciones.

Cambios en el estilo de vida

Es necesario que abordes los tres factores determinantes de la salud (físicos, mentales y emocionales) para construir nuevas conexiones en tu cerebro. Un sueño de buena calidad es imprescindible para estimular la neuroplasticidad. Las interacciones sociales placenteras también son necesarias: muy pocas personas prosperan viviendo como ermitaños. El movimiento y el ejercicio también juegan un papel importante porque no solo hacen que te sientas bien, sino que también estimulan al cerebro para que libere factores de crecimiento, como el factor neurotrófico derivado del cerebro (BDNF, por sus siglas en inglés). *Neurotrófico* significa, literalmente, «nutritivo para el cerebro». Estos factores estimulan nuevas conexiones y «cableado» entre las células cerebrales, lo que pueden estimular el crecimiento de nuevas células.

Mantenerse activo

Si bien el envejecimiento es, hasta cierto punto, inevitable, no tiene por qué ser lo que en nuestra sociedad consideramos un envejecimiento «normal» (en otras palabras, la pérdida de la función cerebral). Las personas mayores activas pueden conservar su entusiasmo juvenil y agudeza mental simplemente manteniéndose ocupadas y sintiéndose necesarias durante la jubilación. Estas personas nunca se «jubilan» ni se retiran de la vida.

Cualquier trabajo estimulante y satisfactorio que mantenga la mente ocupada hasta una edad avanzada es beneficioso. De hecho, hay ciertas profesiones en las que se tiende a ver a personas trabajando hasta más allá de los ochenta años. Políticos, artistas, científicos, actores y profesores son ejemplos comunes de personas capaces de mantener una vida mental activa en sus disciplinas, en especial cuando las demandas físicas de su trabajo no son intensas, por lo que siguen superando el promedio de edad de jubilación. Las personas que se mantienen ocupadas y comprometidas pueden seguir siendo productivas y sorprendentemente resistentes hasta los noventa años, o más.

Inteligencias múltiples

En el contexto de la salud del cerebro, resulta muy útil tener en cuenta el concepto de inteligencias múltiples. El reconocido psicólogo Howard Gardner desarrolló la teoría de que la inteligencia no es solo una entidad, sino la suma de varias áreas diferentes de la inteligencia. Originalmente propuso siete categorías de este tipo y, desde entonces, se han agregado otras, aunque el concepto general todavía es atribuido al Dr. Gardner.

Las inteligencias lingüística y matemática son diferentes de la inteligencia cinestésica (que implica movimiento, coordinación física y fuerza) o de la inteligencia social (comunicarse y relacionarse con otras personas). Todos estamos dotados en diverso grado de estas inteligencias, que trabajan juntas para ayudarnos a resolver los problemas de nuestro día a día. Todos somos inteligentes de diferentes maneras y desarrollamos estos aspectos de nuestra mente de manera diferente, en función de nuestros intereses y las actividades que elegimos realizar.

La siguiente tabla ilustra siete ejemplos de los tipos de tareas que las inteligencias múltiples pueden ayudarte a realizar.

Tipo de inteligencia	Ejemplo
Corporal-cinestésica	Ejecución de un complicado ejercicio de gimnasia
Interpersonal	Comprender el punto de vista de otra persona y su reacción emocional ante una situación
Intrapersonal	Hacerte una idea de por qué te sientes de cierta manera ante una situación
Lógico-matemática	Resolver una ecuación matemática
Musical-rítmica	Componer una canción
Verbal-lingüística	Articular tus pensamientos con claridad
Visual-espacial	Averiguar cómo llegar a un destino

¿Sabías que...?

Evaluación de inteligencias múltiples

En internet, existen buenas herramientas de autoevaluación que miden las inteligencias múltiples. Después de conocer dónde eres más fuerte y dónde flaqueas, puedes realizar ejercicios para impulsar áreas específicas.

Desarrollar fortalezas mentales

La idea de las inteligencias múltiples es importante para crear un programa de entrenamiento cerebral. Al evaluar tus fortalezas y debilidades, puedes hacer todo lo posible para practicar ejercicios, mentales o de otro tipo, que desarrollen la capacidad cerebral en áreas en las que no eres tan ágil por naturaleza. Al extender y expandir tus inteligencias, estimulas el desarrollo de la neuroplasticidad y evitas el envejecimiento.

Cómo los ejercicios aumentan el poder cerebral

A veces, a medida que envejecemos, nos vamos imponiendo limitaciones. Nos decimos, por ejemplo: «Es demasiado tarde para aprender un nuevo idioma». También nos planteamos propuestas de todo o nada, como por ejemplo: «No puedo volver a la universidad y hacerlo todo de nuevo». Afortunadamente, el aprendizaje no tiene por qué ser tan complicado ni requerir tanto tiempo. En realidad, se trata de usar tu cerebro y asignarte nuevas tareas y desafíos. Al hacerlo aumentarás tú inteligencia y te mantendrás ágil. ¡Hay tantas formas de ejercitar tu cerebro!... Todo lo que necesitas es voluntad y un buen plan.

Podemos reconstruirlo

La velocidad de procesamiento del cerebro puede disminuir a medida que envejecemos. Tanto los problemas biológicos como los estructurales pueden provocar esta ralentización. Pero también se producirá si nos perpetuamos en las mismas rutinas, trabajos y *hobbies*. Seremos rápidos y eficientes en esas cosas en particular, está claro, pero al repetir durante décadas los mismos patrones mentales no estaremos ejercitando adecuadamente nuestro cerebro.

Preguntas frecuentes (FAQS)

P. ¿Por qué son importantes las nuevas rutinas para un funcionamiento cerebral saludable?

R. La capacidad de ejecutar funciones mentales rutinarias es importante. Necesitamos ser eficientes en las tareas del día a día y convertir las difíciles o complicadas en algo natural para lograr el éxito en muchas áreas de la vida; nuestras habilidades como conductores, cocineros, limpiadores y empleados dependen de ello. Sin embargo, inevitablemente la vida nos presenta desafíos en forma de nueva información y nuevas situaciones personales o familiares. Sin esta nueva información, nuestros cerebros se estancarían. Para estar al día con esta nueva información de nuestro entorno, tenemos que ser capaces de pensar lo suficientemente rápido. Desafiar nuestra capacidad mental con nuevas rutinas nos asegura la posibilidad de seguir adaptándonos a la nueva información.

Estimular el crecimiento

¿Qué hacemos cuando ejercitamos el cerebro? Para responder a esta pregunta, tenemos que acercarnos a la psicología y a la teoría del aprendizaje y comprender cómo responde el cerebro a la información entrante.

Respuestas automáticas

La nueva información llega al cerebro como una entrada sensorial. Por ejemplo, escuchas a alguien decir tu nombre y hacer una pregunta. La región del cerebro responsable de la información auditiva debe procesar lo que has escuchado y luego enviar el mensaje a un área del cerebro que controla el razonamiento superior.

Una vez que tu cerebro haya registrado y procesado la información entrante, puede ordenar una respuesta automática. Por ejemplo, imagina que vives muy cerca de una atracción turística muy popular. Por enésima vez, alguien te detiene por la calle y te pide indicaciones para llegar hasta el estacionamiento de la atracción. Tu mente (y tu boca) van a soltar automáticamente la respuesta, como un reflejo: «Simplemente baje la calle, gire a la derecha en el semáforo y la entrada está a su derecha». En nuestro trabajo, muchas de las respuestas que damos a los clientes pertenecen a esta categoría, como: «Esa garantía es solo para piezas, no cubre mano de obra, señor» u «Ofrecemos ese curso solo en el primer semestre».

¿Sabías que...?

Filtrado de la información

El cerebro filtra la información entrante e ignora lo innecesario. Por ejemplo, si estás sentado en la terraza de un centro comercial concurrido, tu cerebro no intentará procesar cada una de las muchas conversaciones que se dan a tu alrededor. Pero sí que se centrará en la información importante si surge. Imagina que todavía estás en la terraza cuando alguien dice: «¡Acaban de robar en la joyería!»: es probable que tu cerebro se oriente hacia esa conversación.

Procesando nuevos datos

Las cosas cambian cuando el cerebro se encuentra con una situación nueva o cuando los estímulos entrantes no «reproducen la cinta» asociada con alguna habilidad o comportamiento aprendido previamente. En este caso, la cuestión se dirige a los centros de pensamiento y aprendizaje superiores del cerebro. Las partes ejecutivas de nuestro cerebro (el prosencéfalo y, más en concreto, la corteza prefrontal) tienen que decidir cómo responder.

La nueva información puede venir en forma de una tarea mental que requiere que pensemos de forma espacial y aprovechemos nuestro procesamiento visual. Un buen ejemplo de ello es cuando tienes que dar indicaciones en un área que no te resulta tan familiar como tu propia calle. Como antes debes pensar detenidamente en los puntos de referencia y en el diseño del vecindario, por ejemplo, el proceso no va a resultar tan sencillo como dirigir a alguien a un lugar que ves todos los días. Alternativamente, la nueva información puede requerir que el cerebro busque en los recuerdos a largo plazo. O puede requerir un procesamiento auditivo, como decir el nombre de un lugar que has aprendido previamente.

¿Sabías que...?

Capacidad de memoria

La capacidad de memoria a corto plazo del cerebro tiene sus propios límites: solo podemos almacenar de siete a doce dígitos, o tres o cuatro hechos nuevos, a la vez. Esto es sorprendentemente poco, dado el vasto potencial del propio cerebro.

Preguntas frecuentes (FAQS)

P. ¿Un entrenamiento mental frecuente aumentará de manera efectiva la agilidad de mi cerebro?

R. ¡Sí! Cuanto más trabajes en las áreas de tu cerebro orientadas a las tareas y las conexiones entre ellas, más en forma estarán. Para desarrollarlas, necesitas una exposición regular a tareas desafiantes y situaciones novedosas. Esto nos obliga a usar el cerebro a una capacidad mayor de la que emplearíamos si siguiéramos utilizando estrategias aprendidas previamente. Sin embargo, recuerda que demasiado ejercicio puede ser tan problemático como muy poco. El sobreentrenamiento, especialmente al realizar ejercicios repetitivos en un ordenador o *smartphone*, proporciona rendimientos decrecientes.

Memoria a corto plazo

La memoria a corto plazo también juega un papel en el manejo de nueva información. Ciertas situaciones del día a día requieren que mantengas nueva información en tu conciencia inmediata, como un número de teléfono. Por ejemplo, piensa en la última vez que le pediste a alguien un número de teléfono. Si no lo anotaste inmediatamente, es muy probable que tuvieran que repetírtelo hasta que lo hubieras marcado.

También tenemos un tipo de memoria sensorial a corto plazo que nos permite recordar imágenes, sonidos o sensaciones que vivimos segundos antes.

Crear una rutina de ejercicios para el cerebro

Dividir los ejercicios mentales en categorías, como el procesamiento sensorial o el aprendizaje motriz, ayuda a estimular diferentes tipos de funciones cerebrales. Comienza eligiendo una variedad de ejercicios de diversas categorías. Este tipo de enfoque holístico es efectivo porque las distintas partes y funciones del cerebro son interdependientes.

Piensa en tu rutina como, por ejemplo, en la que seguirías para hacer ejercicio en un gimnasio. No querrás fortalecer solo los brazos y terminar con piernas débiles que no pueden sostenerse cuando levantas objetos pesados, ¿verdad? Del mismo modo, tener los músculos de las

Preguntas frecuentes (FAQS)

P. ¿No se superponen un poco estos ejercicios?

R. Sí, existen distinciones un tanto arbitrarias entre las diferentes categorías de ejercicios. En la vida cotidiana, el cerebro utiliza múltiples vías para procesar información y crear acciones. Por ejemplo, el uso de los músculos requiere una gran cantidad de información sensorial. De manera similar, los sistemas visuales y de lenguaje del cerebro están estrechamente relacionados porque las palabras de una página o pantalla (o las emociones del rostro de una persona que habla) se combinan en la tarea de usar o interpretar el lenguaje. Dividir los ejercicios en categorías es útil para asegurarte un entrenamiento completo.

piernas bien desarrollados no te convertirá en un buen corredor a menos que tus sistemas cardiovascular y pulmonar también estén en plena forma. Por tanto, necesitas una variedad de ejercicios para fortalecer todas las áreas.

Áreas en las que trabajar

Una buena estrategia es enfocar tu programa de ejercicios en las áreas que más necesitas mejorar. De las siguientes nueve áreas, elige las dos que necesitas trabajar más y haz de esos ejercicios tu máxima prioridad.

Habilidades	Categoría
Rapidez mental para resolver problemas	Ejercicios de calentamiento para ejercitar la velocidad mental (página 43)
Direcciones; percibir cosas, colores, detalles en una habitación o en la ropa; recordar cómo es la gente	Ejercicios de inteligencia visual-espacial (página 58)
Vocabulario, conversación, idiomas	Ejercicios de desarrollo del lenguaje (página 75) y ejercicios de adquisición del lenguaje (página 153)
Utilizar información proporcionada por los sentidos (vista, oído, tacto, gusto y olfato); reconocer cosas	Ejercicios de procesamiento sensorial (página 87)
Coordinación, aprendizaje de nuevas habilidades físicas	Ejercicios de aprendizaje motriz (página 102)
Recordar nombres, tareas y detalles	Ejercicios para incrementar la memoria (página 124)
Dormir, conciliar el sueño y tener un sueño reparador	Ejercicios para dormir y descansar (página 137)
Moverse para desarrollar la fuerza, la flexibilidad y una buena circulación hacia el cerebro, el corazón y el resto del cuerpo	Ejercicios deportivos y recreativos (página 142)
Sentirse en paz consigo mismo y con los demás, sentir la capacidad de crear y contribuir, y sentirse amado y cuidado	Ejercicios de apoyo social y salud emocional (página 146)

Empieza con poco...

Durante la primera semana, comienza haciendo uno o dos ejercicios por categoría. Quizá no parezca mucho, pero puede resultar sorprendentemente intenso, ya que algunos de estos ejercicios requieren bastante actividad cerebral nueva. Las investigaciones aseguran que practicar una habilidad repetidamente te fortalece. La persistencia (no el sobreentrenamiento) produce resultados.

... y ve añadiendo más

Cada semana, agrega dos nuevas actividades de una de las categorías (elige una categoría diferente cada vez). Si es posible, trata de elegir una actividad repetitiva (como un juego) y una actividad experimental (hacer algo nuevo). Un horario de muestra podría ser así:

Semana 1: Dos nuevos ejercicios de procesamiento sensorial (página 87)
Semana 2: Dos nuevos ejercicios de aprendizaje motriz (página 102)
Semana 3: Dos nuevos ejercicios de desarrollo del lenguaje (página 75) o de adquisición del lenguaje (página 153)
Semana 4: Dos nuevos ejercicios de calentamiento para ejercitar la velocidad mental (página 43)
Semana 5: Dos nuevos ejercicios de inteligencia visual-espacial (página 58)

Alterna entre ambos ejercicios a lo largo de la semana. Por ejemplo:

Lunes: ejercicio A
Martes: ejercicio B
Miércoles: ejercicio A
Jueves: ejercicio B
Viernes: ejercicio A
Sábado: ejercicio B
Domingo: descanso

Una vez hayas creado una rutina razonable de ejercicios, practícalos durante algunas semanas y luego cámbialos. Cada pocas semanas, cámbialos de nuevo. La práctica puede hacer la perfección, pero el objetivo no es solo obtener una buena puntuación en estos ejercicios, sino mantener el cerebro fuera de una rutina aburrida.

Seguimiento de tu progreso

Más o menos una vez al mes, considera la posibilidad de realizar una autoevaluación con alguna herramienta en línea. De vez en cuando, descansa durante un mes de una categoría particular de entrenamiento cerebral y luego haz una evaluación. Comprueba si has consolidado los objetivos logrados y si tu régimen de ejercicio está proporcionando mejoras a largo plazo.

A veces, una evaluación puede revelar que has mejorado en una actividad específica pero sin mejorar realmente la función cerebral subyacente. Por ejemplo, puedes lograr un buen desempeño durante un ejercicio o juego de memoria específico, pero aun así ser olvidadizo en la mayoría de las áreas de tu vida. Este es un tema importante en todo entrenamiento cerebral. Pero no te desanimes, sigue trabajando en ello. Es razonable que modifiques tus actividades y utilices las que den mejores resultados. Recuerda que realizar una variedad de entrenamientos mentales y tener experiencias reales, no solo simuladas, es la mejor estrategia.

¿Sabías que...?

El descanso es importante

Entre entrenamiento y entrenamiento, tómate el tiempo que necesites para descansar y recuperarte. Las investigaciones sugieren que más de tres sesiones de entrenamiento por semana en la misma actividad pueden no ser efectivas (de hecho, pueden funcionar en tu contra). Incluso si te sientes cómodo haciendo cierto ejercicio más de tres veces a la semana, asegúrate de tomarte siempre un día libre por semana sin realizar ninguna actividad. Darle un descanso a tu cerebro le concede el tiempo necesario para consolidar los logros y construir nuevas conexiones.

PARTE 2

Ejercicios para entrenar la fuerza cerebral

Ejercicios de calentamiento para ejercitar la velocidad mental

La velocidad mental es algo difícil de medir, aunque eso es exactamente lo que hacen algunos científicos. En general, la velocidad a la que nuestro cerebro procesa la información y toma decisiones va aumentando desde la infancia hasta bien superada la adolescencia y la larga etapa de juventud y madurez (14-40 años), y luego se mantiene estable hasta la edad adulta (40-60 años). En ese punto, por lo general comienza a disminuir, pero la rapidez y magnitud con que lo hace varía según el tipo de persona.

Ejercicio 1: Cuenta rápidamente

Paso 1: Examina la imagen de la derecha. Cuenta las caras felices y las tristes lo más rápido que puedas.

Paso 2: Examina la imagen nuevamente. ¿Cuántas caras son notablemente más grandes que las demás?

Paso 3: Examina la imagen nuevamente. De esos rostros más grandes, ¿cuántos de ellos están felices y cuántos están tristes?

¿Qué se consigue con este ejercicio?
Se pide que proceses dos tipos diferentes de información visual y hagas comparaciones (tamaño y expresión emocional). Esto requiere un procesamiento basado en la geometría, pero también en la interpretación de las expresiones. Por lo tanto, estás creando subcategorías al contar caras felices frente a caras tristes dentro de la categoría de caras «notablemente más grandes».

Para trabajar a gran velocidad, el cerebro debe operar y coordinar varios subcentros, algo en lo que es bastante bueno. Participar en actividades que nos ayuden a equilibrar diferentes tareas cerebrales puede reforzar algunos aspectos de la velocidad mental. Pero también hay otros factores que influyen, como una buena circulación sanguínea en nuestro cerebro y la cantidad de materia gris (neuronas) y materia blanca (los conectores que las neuronas envían para comunicarse entre sí) que poseamos. Por eso la salud física y la buena nutrición también son fundamentales.

Ejercicio 2: Matemática mental

Paso 1: Cuando vayas a hacer la compra, mira el precio de dos productos similares y compara la cantidad (peso o volumen) del contenido que figura en el paquete.

Paso 2: Observa la rapidez con que puedes calcular mentalmente el coste unitario de cada uno de los dos productos (coste dividido por cantidad). Por ejemplo, podrías calcular el precio por kilo de dos paquetes distintos de jamón envasado teniendo en cuenta su precio y su peso.

Paso 3: Comprueba el resultado. ¿El cálculo coincide con el coste unitario del producto, que normalmente aparece reflejado en la etiqueta del precio del producto en el estante (suele aparecer en unos números más pequeños que el precio de venta)? ¡Pero sin trampas! Mira primero los productos y su precio de venta al público (el de los números grandes), e ignora el coste unitario. (Si es necesario, aléjate un poco de la etiqueta para que te resulte más difícil ver los números más pequeños).

Lleva contigo una pequeña libreta de papel y un bolígrafo o un lápiz para anotar tu respuesta. Si alguien te puede cronometrar, mejor aún. Si puedes repetir este ejercicio tres veces por semana, será una buena excusa para comprar productos frescos que proporcionen nutrientes que fortalezcan la salud de tu cerebro.

¿Qué se consigue con este ejercicio?

Este ejercicio de aritmética mental es simple pero importante, porque muchos de nosotros no tenemos la necesidad de realizar estos cálculos a diario, y cuando lo hacemos normalmente sacamos nuestros móviles y usamos su calculadora. Usar la calculadora favorece que nuestras habilidades aritméticas se debiliten. Hacer este ejercicio fortalecerá tus capacidades matemáticas.

Ejercicio 3: Ordenar diferentes tipos

Paso 1: Pídele a alguien (un familiar, un amigo...) que entre en tu despensa y retire dos artículos de cada uno de los cinco tipos de alimentos enlatados o empaquetados (dos botes de legumbres distintas, dos conservas, dos pastas, etc.). Mientras lo hace, tú debes estar en otro espacio. Luego, tu ayudante mezclará los diez paquetes y los colocará en una mesa para ti.

Paso 2: Entra en el espacio donde se han preparado los alimentos y clasifícalos por parejas según el tipo de alimento mientras tu ayudante te cronometra.

¿Qué se consigue con este ejercicio?
Estás fortaleciendo tu capacidad para clasificar objetos similares en una dimensión física y bajo una presión de tiempo.

Ejercicio 4: Deletrear al revés

Paso 1: Escucha atentamente mientras la persona que te ayuda pronuncia, en voz alta, el nombre y el apellido de, por ejemplo, una celebridad o un político conocido.

Paso 2: Deletrea el nombre y el apellido de la persona al revés, en voz alta, mientras tu ayudante mide el tiempo. (Si prefieres hacer este ejercicio por tu cuenta, mira el primer nombre completo que reconozcas en una noticia en papel o en un medio digital. Luego, aparta la vista y deletréalo al revés, en voz alta, mientras controlas el tiempo que tardas.)

¿Qué se consigue con este ejercicio?
Al hacer este ejercicio, primero debes recordar el nombre y luego usar tu memoria auditiva para deletrearlo al revés. Si te has imaginado mentalmente el nombre deletreado, también estás utilizando tu memoria visual.

Ejercicio 5: Interpreta las instrucciones

Paso 1: Elige un dispositivo electrónico (como un reproductor de DVD, un *smartphone* o un reproductor de audio digital) que tenga una función que nunca hayas aprendido a usar (por ejemplo, una función de grabación automatizada o una forma de cambiar la apariencia de la pantalla).

Paso 2: Encuentra las instrucciones para activar y usar esta función; pueden estar escritas en un manual impreso o digital o en el menú Ayuda del dispositivo.

Paso 3: Lee atentamente las instrucciones una vez.

Paso 4: Vuelve hacia atrás y luego vuelve a leer las instrucciones. Esta vez, visualiza lo que vas a hacer, paso a paso.

Paso 5: Vuelve hacia atrás y luego relee las instrucciones por tercera vez, esta vez simplemente hojeándolas y confiando en tu imagen mental de lo que necesitas hacer. Si lo deseas, usa tus manos para ensayar los movimientos.

Paso 6: Realiza la tarea utilizando tu imagen mental paso a paso. Consulta las instrucciones solo si es necesario.

¿Qué se consigue con este ejercicio?

Esta no es una prueba de memoria, ni siquiera una prueba de velocidad. Este ejercicio hace trabajar a tu cerebro porque te permite procesar entradas sensoriales creando un modelo mental basado en ellas. Luego, debe convertir este modelo en acciones físicas. Con este ejercicio, estás interpretando palabras escritas, utilizando tu memoria a corto plazo y procesando la información presente en las instrucciones.

Ejercicio 6: Di el color

Paso 1: Crea una tabla con cinco columnas y cinco filas. Puedes crear una con un ordenador e imprimirla, o simplemente dibujarla en un papel con un bolígrafo o un rotulador. Si una persona puede ayudarte a preparar este ejercicio, mejor aún.

Paso 2: Escribe el nombre de un color (rosa, naranja, azul, rojo, etc.) en cada casilla de la tabla. Sin embargo, en la mayoría de los casos debes escribir cada palabra en un color diferente al que la propia palabra designa; por ejemplo, escribe la palabra *naranja* en azul.

Paso 3: Guarda la tabla durante dos semanas sin mirarla.

Paso 4: Pasado este tiempo, mira la tabla y, lo más rápido que puedas, di los colores que ves, no las palabras escritas.

¿Qué se consigue con este ejercicio?
En este juego, la función ejecutiva del cerebro debe anular los rápidos mensajes de tu centro visual. Reconocemos siempre las palabras por la vista, como en los letreros: «Stop», «Se vende» o «Rebajas», por ejemplo. Cuando veas la palabra *azul*, querrás decir esa palabra rápidamente. Para decir el color en el que está escrita la palabra (en lugar de la palabra en sí), debes percibir el color e identificar el nombre antes de que tus centros de pensamiento superior puedan anular tu impulso de leer la palabra tal como está escrita.

rosa				

Ejercicio 7: Hacer una clasificación perceptiva

Paso 1: Elige una habitación de tu casa en la que puedas estar solo y obsérvala bien durante 10 minutos.

Paso 2: Abandona la habitación. Mantenla fuera de tu alcance visual y auditivo para que no puedas ver ni oír lo que está sucediendo en la habitación.

Paso 3: Haz que una persona que te ayude mueva de sitio diez objetos de la habitación. Los cambios deben ser lo bastante obvios como para que puedas verlos fácilmente (no podrías notar que una lámpara se ha movido solo 1 cm de su lugar). Pídele a tu ayudante que te llame cuando haya terminado.

Paso 4: Cuando entres en la habitación, deberás detectar los cambios realizados. Date unos cinco minutos para encontrarlos todos. Puedes mirar al azar alrededor de la habitación o dividir esta en secciones y examinarlas una por una. Como alternativa, también puedes dividir la habitación en categorías de objetos (como suelos, paredes, muebles, lámparas, arte o libros) y examinar cada una para ver qué ha cambiado.

¿Qué se consigue con este ejercicio?

Al buscar los cambios, estás comparando información sensorial con un mapa mental que tienes de la habitación. Este ejercicio desafía tanto la memoria como la velocidad de procesamiento mental, dos funciones que están relacionadas de forma natural.

1. ______________________ 6. ______________________

2. ______________________ 7. ______________________

3. ______________________ 8. ______________________

4. ______________________ 9. ______________________

5. ______________________ 10. ______________________

Ejercicio 8: Razonar y visualizar

Paso 1: (Mientras intentas resolver este acertijo debes medir el tiempo.) Tu cajón de ropa interior contiene ***24 calcetines blancos*** y ***30 calcetines negros*** (no están emparejados). Las luces de tu habitación están apagadas, por lo que no puedes ver el color de los calcetines. ¿Cuál es la cantidad mínima de calcetines que debes tomar para asegurarte de tener un par del mismo color? ____________

Paso 2: Verifica tu solución en la clave de respuestas (página 57).

¿Qué se consigue con este ejercicio?
Al imaginar el resultado de este acertijo, debes visualizar los calcetines y usar el razonamiento para llegar a la conclusión correcta.

Ejercicio 9: Suma y sigue

Paso 1: Haz el siguiente cálculo en tu cabeza (sin usar lápiz y papel ni calculadora):

Empieza con 500.
Suma 50.
Suma 550.
Suma 150.
Suma 1000.
Suma 75.
Suma 275.
Suma 25.

= ________________

Paso 2: Escribe tu respuesta.

Paso 3: Verifica tu solución en la clave de respuestas (página 57).

¿Qué se consigue con este ejercicio?
Aunque estás haciendo una suma simple, debes mantener tu concentración y usar tu memoria a corto plazo para evitar pequeños errores en cada paso.

Ejercicio 10: Perspectiva (1)

Paso 1: Observa la siguiente ilustración.

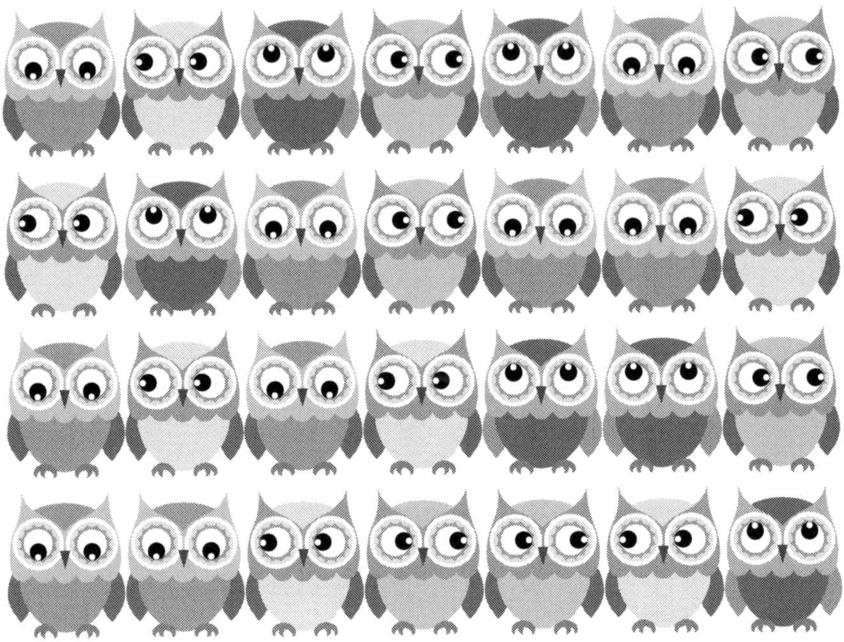

Paso 2: De izquierda a derecha y de arriba abajo, di en voz alta la dirección en la que miran los ojos de los búhos desde tu perspectiva (abajo, arriba, izquierda o derecha) mientras una persona que te ayuda te cronometra.

Paso 3: Repite el ejercicio hasta que puedas hacerlo en 30 segundos sin errores.

Paso 4: Sigue practicando hasta que puedas hacerlo en 15 segundos sin errores.

¿Qué se consigue con este ejercicio?

Este ejercicio requiere un procesamiento rápido de la información visual, seguido de la determinación de la orientación espacial de los ojos en la imagen, lo que lleva a una expresión verbal («abajo», «arriba», etc.). Esto vincula el pensamiento que se encarga de la interpretación visual y espacial con la expresión verbal.

Ejercicio 11: Perspectiva (2)

Paso 1: Observa la siguiente ilustración.

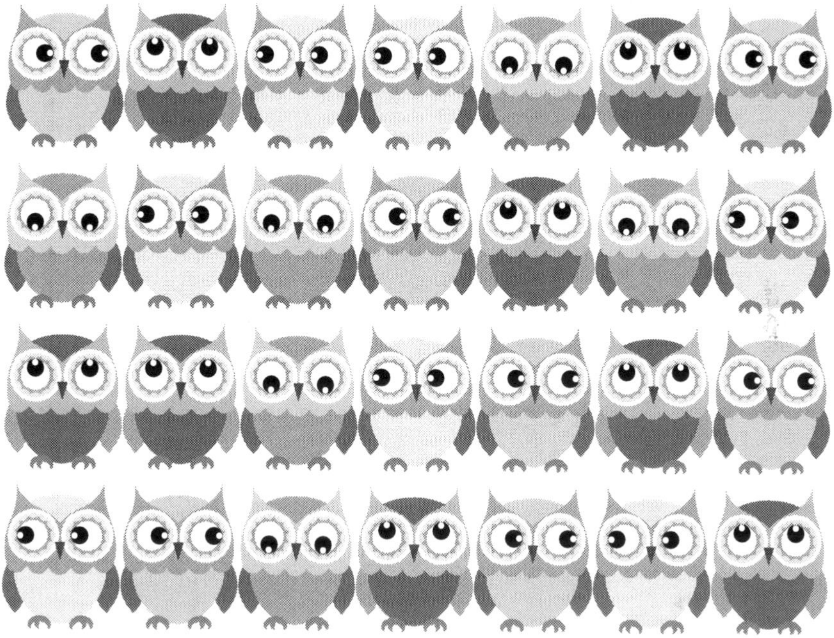

Paso 2: De izquierda a derecha y de arriba abajo, di en voz alta la dirección en la que miran los ojos desde la perspectiva de los búhos (abajo, arriba, izquierda o derecha) mientras una persona que te ayuda te cronometra.

Paso 3: Repite el ejercicio hasta que puedas hacerlo en 30 segundos sin errores.

Paso 4: Sigue practicando hasta que puedas hacerlo en 15 segundos sin errores.

¿Qué se consigue con este ejercicio?

Al igual que sucedía con el «Ejercicio 10: perspectiva (1)», este ejercicio requiere un procesamiento rápido de la información visual, seguido de la determinación de la orientación espacial de los ojos en la imagen, lo que conduce a una expresión verbal. Esto vincula el pensamiento que se encarga de la interpretación visual y espacial con la expresión verbal. En este caso, debes cambiar tu punto de vista y ponerte en el lugar de los búhos de la ilustración, lo que significa que tu cerebro debe rotar la imagen.

Ejercicio 12: Perspectiva (3)

Paso 1: Observa la siguiente ilustración.

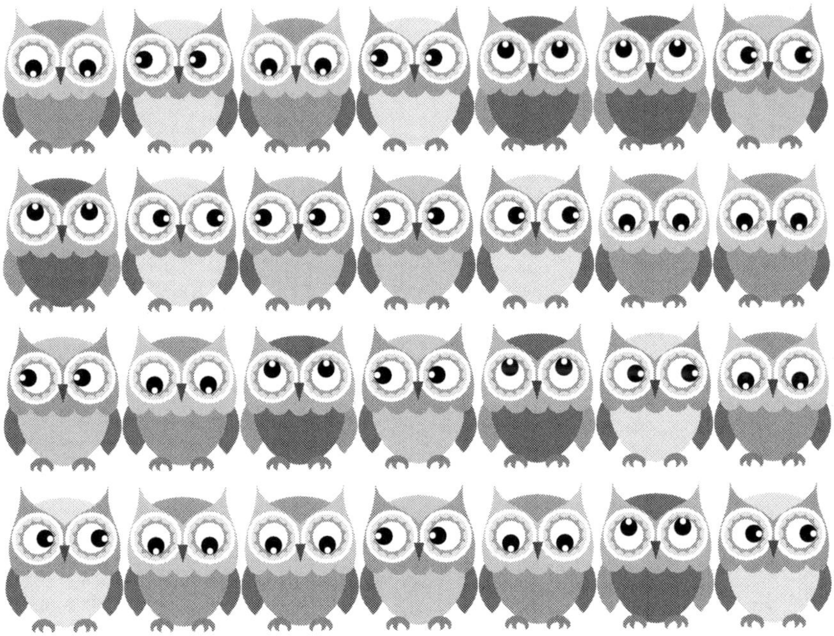

Paso 2: De izquierda a derecha y de arriba abajo, di la dirección en la que miran los ojos desde tu perspectiva (abajo, arriba, izquierda o derecha) mientras con un dedo apuntas en la dirección opuesta (por ejemplo, di «abajo» mientras apuntas hacia arriba). Haz que un ayudante controle el tiempo que tardas en completar el ejercicio.

Paso 3: Repite el ejercicio hasta que puedas hacerlo en 30 segundos sin errores.

Paso 4: Sigue practicando hasta que puedas hacerlo en 15 segundos sin errores.

¿Qué se consigue con este ejercicio?

Este ejercicio es similar al «Ejercicio 10: Perspectiva (1)», pero incorpora un componente psicomotriz. En este caso requiere que pienses dos veces (sobre la información visual y espacial que has recopilado) y que luego expreses físicamente esta información mediante el gesto de señalar en la dirección contraria.

Ejercicio 13: Lee lentamente

Paso 1: Lee atentamente el siguiente texto:

¿Puedes encontrar el el error?
1 2 3 4 5 6 7 8 9

Paso 2: Escribe tu respuesta.

____

Paso 3: Verifica tu solución en la clave de respuestas (página 57).

¿Qué se consigue con este ejercicio?
Este ejercicio trata de reducir la velocidad para que puedas pensar en cada una de las palabras y números que ves. El cerebro tiende a leer con anticipación, completando u omitiendo elementos repetidos para que la escritura tenga sentido.

Ejercicio 14: Prueba una nueva fragancia

Paso 1: La próxima vez que vayas a trabajar (ya sea en la oficina o en casa), llévate contigo un pequeño frasco con un aceite esencial o un extracto de olor agradable (como lavanda, vainilla o cítricos).

Paso 2: Elige una tarea repetitiva que hagas cada día sin pensar mucho (como archivar, leer un informe estándar o doblar la ropa). El mejor momento para realizar este ejercicio es durante tu rutina diaria. Justo antes de comenzar la tarea, saca el aceite esencial e inhala el aroma profundamente.

Paso 3: Concéntrate en el aroma mientras realizas la tarea. Dirige toda tu atención hacia lo que estás experimentando. Si no estás leyendo, cerrar los ojos te puede ayudar a concentrarte.

¿Qué se consigue con este ejercicio?
Las tareas repetitivas requieren poca reflexión. Con la nueva información sensorial del aroma, vas a despertar a tu cerebro.

Ejercicio 15: Escritura opuesta (1)

Paso 1: Coloca un bolígrafo y una hoja de papel en una mesa, frente a ti.

Paso 2: Si sueles escribir con la mano derecha, toma el bolígrafo con la mano izquierda (o con la derecha si eres zurdo).

Paso 3: Escribe cinco palabras que sepas deletrear correctamente.

¿Qué se consigue con este ejercicio?
Al usar tu mano no dominante para escribir, se activa la corteza motora en el lado de tu cerebro opuesto al que usas habitualmente. Al mismo tiempo, tu cerebro también procesa información visual a medida que lee y coordina los movimientos de tu mano. Escribir una palabra que ya sabes cómo deletrear asegura que tu actividad cerebral cambie al lado opuesto.

Ejercicio 16: Escritura opuesta (2)

Paso 1: Coloca un bolígrafo y una hoja de papel en una mesa, frente a ti.

Paso 2: Cierra los ojos. Si sueles escribir con la mano derecha, toma el bolígrafo con la mano izquierda (o viceversa).

Paso 3: Con los ojos cerrados, escribe cinco palabras que sepas deletrear correctamente.

¿Qué se consigue con este ejercicio?
Muchos de los resultados del «Ejercicio 15: Escritura opuesta (1)», con la diferencia de que tu cerebro también tiene que usar información de tus dedos y tu mano para guiarlos en la escritura de letras sin señales visuales.

Ejercicio 17: *Memory* (1)

Paso 1: Toma dos barajas de cartas y crea parejas idénticas (como ases de tréboles, o reyes de espadas, según el tipo de baraja).

Paso 2: Quédate con cuatro de las parejas que hayas formado y luego coloca las ocho cartas al azar en una mesa, boca arriba.

Paso 3: Coloca las ocho cartas boca abajo.

Paso 4: Dale la vuelta a una carta al azar, e inmediatamente intenta encontrar su pareja (solo una carta a la vez). Si le das la vuelta a la carta incorrecta, colócala boca abajo nuevamente y continúa tratando de encontrar una coincidencia con la carta original.

Paso 5: Continúa volteando cartas hasta que consigas parejas idénticas, y observa cuántos errores cometes antes de tener las cuatro parejas.

¿Qué se consigue con este ejercicio?
Este sencillo ejercicio ayuda a reforzar tu memoria a muy corto plazo (o «memoria de trabajo»). Una buena observación de la carta que se ha volteado ayuda a consolidar la memoria a corto plazo.

Ejercicio 18: *Memory* (2)

Paso 1: Toma dos barajas de cartas y crea parejas idénticas (como ases de tréboles, o reyes de espadas, según el tipo de baraja).

Paso 2: Quédate con cinco de las parejas que hayas formado y luego coloca las diez cartas al azar en una mesa, boca arriba.

Paso 3: Coloca las diez cartas boca abajo.

Paso 4: Dale la vuelta a una carta al azar, e inmediatamente intenta encontrar su pareja (solo una carta a la vez). Si le das la vuelta a la carta incorrecta, colócala boca abajo nuevamente y continúa tratando de encontrar una coincidencia con la carta original.

Paso 5: Continúa volteando cartas hasta que consigas parejas idénticas, y observa cuántos errores cometes antes de tener las cinco parejas.

Paso 6: Continúa añadiendo más pares de cartas a este ejercicio a medida que aumente tu competencia.

¿Qué se consigue con este ejercicio?
Al igual que el «Ejercicio 17: *Memory* (1)», este ejercicio ayuda a trabajar la memoria a corto plazo.

Ejercicio 19: *Memory* (3)

Paso 1: Toma dos barajas de cartas y crea parejas idénticas (como ases de tréboles, o reyes de espadas, según el tipo de baraja).

Paso 2: Quédate con cinco de las parejas que hayas formado y luego coloca las diez cartas al azar en una mesa, boca arriba.

Paso 3: Coloca las diez cartas boca abajo.

Paso 4: Aléjate de la mesa y deja que pasen cinco minutos.

Paso 5: Dale la vuelta a una carta al azar, e inmediatamente intenta encontrar su pareja (solo una carta a la vez). Si le das la vuelta a la carta incorrecta, colócala boca abajo nuevamente y continúa tratando de encontrar una coincidencia con la carta original.

Paso 6: Continúa volteando cartas hasta que consigas parejas idénticas, y observa cuántos errores cometes antes de tener las cinco parejas.

Paso 7: Continúa añadiendo más pares de cartas a este ejercicio y añade más tiempo en el **Paso 4** a medida que aumente tu competencia.

¿Qué se consigue con este ejercicio?
Este ejercicio requiere que confíes más en tu memoria a largo plazo que en la de a corto plazo.

Soluciones de los ejercicios de calentamiento para ejercitar la velocidad mental

Ejercicio 8: Razonar y visualizar (página 49)

Tres. Podrías estar de suerte y conseguir una combinación del mismo color con los dos primeros calcetines. Pero si los dos primeros calcetines que tomas no coinciden (uno es negro y el otro es blanco), entonces seguro que el siguiente calcetín que saques se emparejará con uno u otro.

Ejercicio 9: Suma y sigue (página 49)

2625.

Ejercicio 13: Lee lentamente (página 53)

La palabra *el* aparece dos veces en la oración.

Ejercicios de inteligencia visual-espacial

Estos ejercicios están enfocados, principalmente, al uso de la inteligencia visual-espacial, lo que requiere que tu cerebro dé sentido a los estímulos que llegan a través de la percepción visual, así como requiere la acción correspondiente. Una habilidad recurrente que se precisa en muchas operaciones visuales-espaciales (ya sea en ejercicios o en la vida real) es saber rotar una imagen, es decir, poder imaginarla en tres posiciones diferentes. Una parte de este tipo de memoria también está relacionada, pues, con estructuras, rotaciones o recorridos complejos (como seguir direcciones). Algunas personas solucionan con mucha naturalidad este tipo de cuestiones, pero hay otras a las que estas tareas les resultan muy confusas. Si estás en esta segunda categoría, probablemente esta sea una buena área para que la practiques.

Ejercicio 1: ¿Hacia dónde?

Paso 1: Observa la imagen de la derecha. Yendo de izquierda a derecha, y de arriba abajo, nombra la dirección en la que apunta cada flecha mientras un ayudante te cronometra.

Paso 2: Repite el ejercicio hasta que puedas hacerlo en 30 segundos sin más de un error.

←	↓	→	↑	↓	→	←	↓
↓	↑	→	←	←	↑	↓	→
↓	→	↑	↓	→	←	↓	↑
←	↓	→	←	→	↓	↑	↓
→	↓	→	↑	←	→	↓	←
←	↑	→	←	↓	↓	↑	→
↓	←	→	↑	↓	←	→	←
↑	↓	↓	→	←	↑	↓	→

¿Qué se consigue con este ejercicio?

Este ejercicio requiere un procesamiento rápido de la información visual con el añadido de convertir esa información en una expresión verbal (cuando se indica la dirección en voz alta).

Ejercicio 2: Mapa mental

Paso 1: Imprime o busca un mapa de tu ciudad y estúdiatelo.

Paso 2: Haz que un ayudante tape el nombre de una calle que aparece en el mapa. Mira si puedes recordar cuál era.

Paso 3: Estudia el mapa de nuevo.

Paso 4: Elige un punto de partida y un punto final en el mapa. (Elige una parte de la ciudad que no conozcas tanto y que sea segura y transitable.) Escribe las instrucciones sobre cómo llegar desde el inicio al fin en una hoja de papel.

Paso 5: Estudia las instrucciones con atención.

Paso 6: Guarda las instrucciones en tu cartera o bolso.

Paso 7: Sitúate en el punto de partida y dirígete hacia tu punto final sin consultar el mapa ni tus instrucciones.

Paso 8: Cuando llegues a tu destino o empieces a sentirte perdido, saca el mapa y tus instrucciones. (Si estás conduciendo o yendo en bici, primero detente en un lugar seguro.) ¿Llegaste a tu destino? Si es así, ¿llegaste siguiendo tus instrucciones o terminaste tomando una ruta diferente? Si no llegaste a tu destino, ¿estabas muy cerca?

Paso 9: A medida que vayas mejorando en esta tarea, crea rutas que tengan más giros o itinerarios más complejos.

Precaución

Si este ejercicio te causa confusión mientras conduces o te hace sentir inseguridad o ansiedad, prescinde de él. Nada es más importante que la seguridad vial. Elige la seguridad antes que la exhaustividad al realizar esta actividad: si necesitas girar en una dirección diferente a la planeada porque es lo más seguro, lo legal o lo más cauto, hazlo.

¿Qué se consigue con este ejercicio?

Esta actividad requiere la memorización del mapa y la comprensión de las direcciones. A medida que recorres tu ruta, debes procesar la información visual entrante y relacionarla con la imagen del terreno que quedó impresa en tu cerebro mientras estudiabas la ruta. Dependiendo del número de giros que necesites para llegar a tu destino, el uso del pensamiento rotacional también podría ser importante.

Ejercicio 3: Lee con un ojo

Paso 1: Elige un material de lectura. Pídele a un amigo que te ayude en la elección.

Paso 2: Tápate un ojo y lee un párrafo en voz alta.

Paso 3: Hazle a tu ayudante una síntesis de lo que acabas de leer.

¿Qué se consigue con este ejercicio?
Este ejercicio trabaja la comprensión de una lectura estándar, pero añade el desafío de que la información visual solo provenga de un ojo. El cambio de perspectiva que se produce en el caso de aquellas personas que tienen dos ojos sanos puede ser importante. El cambio de visión binocular a monocular requiere que tu cerebro se adapte y, en cierto sentido, que hagas dos cosas al mismo tiempo.

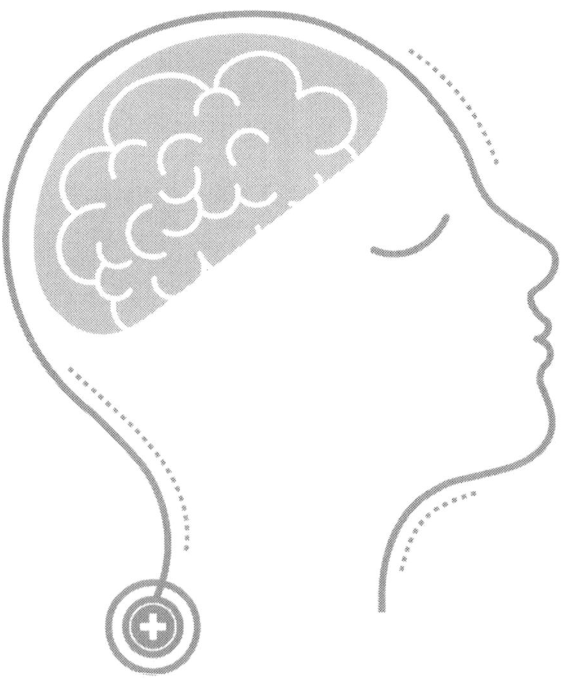

Ejercicio 4: Cocina una pizza

Paso 1: Reúne los ingredientes que necesitarás para este ejercicio. Necesitas una masa de pizza preparada (o una casera, si lo prefieres), 2 tazas (500 ml) de *mozzarella* rallada, 1 taza (250 ml) de salsa de tomate, 8 rodajas finas de chorizo, 8 rodajas finas y redondas de zanahoria, 8 tiras de pimiento verde y 8 aceitunas negras sin hueso. (Puedes sustituir estos ingredientes por otros, pero deben ser aproximadamente similares en forma y tamaño.)

Paso 2: Coloca la masa en una bandeja de horno y sitúala frente a ti en una mesa. Siéntate frente a la masa, con los ingredientes a mano. (Debes permanecer sentado durante el resto del ejercicio.)

Paso 3: Unta la salsa sobre la base.

Paso 4: Espolvorea el queso uniformemente sobre la salsa.

Paso 5: Visualiza la pizza cortada en ocho porciones. (Haz mentalmente un corte vertical y un corte horizontal, luego dos cortes diagonales para crear las ocho porciones.) ¡No cortes la pizza todavía! Solo imagínatelo.

Paso 6: Imagínate cómo colocas una rodaja de chorizo y de zanahoria, una tira de pimiento y una aceituna en la primera porción de la pizza (la situada en la parte superior). Si la pizza fuera un reloj, colocarías los primeros ingredientes en la porción más cercana a las 12 en punto.

Paso 7: Repite el paso 6, moviéndote mentalmente en sentido contrario a las agujas del reloj hasta la siguiente porción. Imagínate la incorporación de cada ingrediente en el mismo orden y lugar que en esa primera porción.

Paso 8: Repite el paso 7 hasta que completes las ocho porciones.

Paso 9: Observa mentalmente tu pizza. ¿Las porciones son aproximadamente simétricas y de tamaño similar?

Paso 10: Observa mentalmente tu pizza de nuevo. ¿Están los ingredientes dispuestos del mismo modo en cada porción?

Paso 11: Termina preparando de verdad la pizza y hornéala de acuerdo con las instrucciones del paquete de la masa hasta que esté dorada y el queso se haya fundido. Saborea los resultados.

¿Qué se consigue con este ejercicio?

Esta actividad te pide que te formes una imagen mental de las porciones y que coloques los ingredientes en una determinada configuración espacial. Debido a que estás sentado en una misma posición durante todo el ejercicio, verás que las porciones más cercanas a ti (las más cercanas a las 6 en punto) son las más difíciles de hacer. Este es un ejemplo de cómo la rotación, que parece simple, ¡puede resultar bastante exigente para algunos de nosotros!

Ejercicio 5: Embolsa tus alimentos

Paso 1: Compra algunas frutas y verduras, muy saludables para el cerebro (consulta la parte 5), en una tienda que disponga de las clásicas bolsas grandes de papel marrón (deben tener aproximadamente 45 cm de profundidad). También puedes usar las bolsas de plástico rígido reutilizables, esas que son más cuadradas y se pueden doblar para guardarlas. Compra hasta llenar al menos dos bolsas de comida, asegurándote de que los artículos sean variados en tamaño y forma.

Paso 2: Cuando llegues a casa, coloca las bolsas en una mesa.

Paso 3: Saca el contenido de una bolsa y colócalo sobre la mesa.

Paso 4: Vuelve a colocar los alimentos en la bolsa vacía de la manera más eficiente posible, añadiendo artículos de otra bolsa llena. Trata de que quepa tanto como sea posible, ¡pero no debes superar el borde de la bolsa ni aplastar los alimentos!

Paso 5: Repite este juego cuando compres cada semana, para mejorar tus habilidades a la hora de embolsar. No solo reducirás la utilización de bolsas de plástico de un solo uso (tan perjudiciales para el medio ambiente), sino que también te proporcionará un desafío mental recurrente. Verás cómo te conviertes en todo un profesional.

¿Qué se consigue con este ejercicio?
Cuando vuelves a recolocar las cosas dentro de la bolsa, utilizas la vista y, en menor grado, el tacto para determinar el tamaño y la orientación de los alimentos. Tu imagen mental de la geometría de estas cosas, y tu imagen mental de la capacidad y el espacio dentro de la bolsa, te ayudan a elegir dónde colocar los diferentes elementos. ¡Es un rompecabezas visual-espacial en 3D!

Ejercicio 6: Montar una maqueta

Paso 1: Ve a una tienda de juguetes y compra una maqueta para montar. Que sea algo sencillo, en especial si no eres un entusiasta de este tipo de juegos. Elige una figura que te interese, como un automóvil, un tren, un avión, un barco o un edificio.

Paso 2: En casa, en un lugar tranquilo donde puedas concentrarte, coloca los

→

Ejercicio 6: Montar una maqueta

componentes de la maqueta y el adhesivo sobre una superficie de trabajo.

Paso 3: Monta la maqueta siguiendo las instrucciones del fabricante. Para ello, lee cada paso con atención, escribe las instrucciones y luego realiza cada paso de memoria.

¿Qué se consigue con este ejercicio? Es posible que nunca hayas montado antes una maqueta, o puede que no lo hayas hecho desde la infancia. De cualquier manera, con este ejercicio tu cerebro tomará una instrucción escrita y la convertirá en una imagen mental. Luego aplicará la imagen a la labor de montar un objeto tridimensional. Este ejercicio es más enriquecedor si visualizas cada paso antes de hacerlo.

Precaución

Si el adhesivo emite vapores nocivos, asegúrate de ventilar adecuadamente el área de trabajo, de descansar un poco de vez en cuando y de tomar vitamina C adicional ese día. Detente de inmediato si te sientes mareado, desorientado o con náuseas.

Ejercicio 7: Arma un rompecabezas

Paso 1: Coloca las piezas de un rompecabezas sobre una mesa.

Paso 2: Estudia la imagen del rompecabezas completo que aparece en la caja.

Paso 3: Busca las cuatro piezas de las esquinas (con dos bordes planos, rectos) y luego busca las piezas que encajen (con un borde plano).

Paso 4: Primero completa el marco exterior del rompecabezas, luego arma el interior a partir de lo construido.

¿Qué se consigue con este ejercicio? Todo el mundo está familiarizado con esta actividad infantil, pero es un ejercicio fantástico para la memoria espacial y las habilidades de razonamiento. Al mismo tiempo, el cerebro usa la imagen de la caja, las formas de las piezas entrelazadas y los pequeños detalles de la imagen para guiarse en el montaje. Tu memoria a corto plazo retiene la imagen del rompecabezas completado, y usas tu capacidad para examinar los detalles con el fin de colocar las piezas en su lugar de modo que coincidan con esta imagen mental.

¿Sabías que...?

Juegos mentales gratuitos

Internet ofrece, de forma gratuita, muchos ejercicios para desarrollar el cerebro. Trata de conseguir juegos visuales-espaciales, así como otras actividades para fortalecer la mente.

Ejercicio 8: Memoriza un mapa

Paso 1: Elige un mapa político que contenga los nombres de varios países.

Paso 2: Elige un país con el que no estés familiarizado (uno que no esté rodeado de agua).

Paso 3: Pídele a alguien que te ayude a controlar el tiempo. Durante 60 segundos, estudia los nombres y las posiciones de los países al norte, sur, este y oeste del país elegido.

Paso 4: Dale la vuelta al mapa para que no puedas verlo y espera 60 segundos.

Paso 5: En una hoja de papel, escribe el nombre del país elegido y rodéalo con un círculo. Imagina que el norte está en la parte superior de la página, encima del nombre que anotaste.

Paso 6: Escribe los nombres de los países vecinos en sus ubicaciones correctas alrededor de tu país rodeado por un círculo. Un ejemplo podría ser:

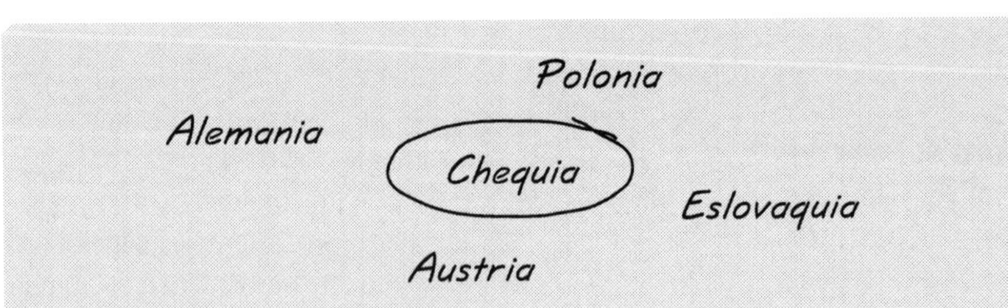

¿Qué se consigue con este ejercicio?
Este ejercicio requiere que proceses información visual y que luego la comprendas, la recuerdes y que expreses las relaciones espaciales entre los países que ves en el mapa.

Ejercicio 9: Aprendiz de cartógrafo (1)

Paso 1: Con una hoja de papel y un lápiz en la mano, dirígete a un pequeño parque o al jardín de algún amigo; cualquiera de los dos debe ser un lugar en el que no pases mucho tiempo, es decir, que no conozcas muy bien. El área debe ser lo bastante pequeña como para poder examinarla fácilmente con la vista.

Paso 2: Examina con la mirada todo el terreno.

Paso 3: Divide mentalmente el área en cuadrantes.

Paso 4: Camina por toda la zona. En cada cuadrante, observa los puntos de referencia (árboles grandes, mesas de pícnic, columpios, parterres de flores, etc.) y toma nota mental de dónde se encuentran. ¿Están en el centro del cuadrante? ¿A un lado?

Paso 5: Detén el examen. Sin volver a mirar de nuevo el terreno, dibuja un mapa del área en tu papel, dividiéndola en los cuadrantes que visualizaste en el paso 3. Incluye tantos puntos de referencia en cada cuadrante como puedas.

Paso 6: Vuelve a examinar con la mirada y refresca tu memoria.

Paso 7: Detén el examen y añade más detalles a tu mapa.

Paso 8: Repite los pasos 6 y 7 hasta que creas que tu mapa está completo.

Paso 9: Camina por el área y compara lo que ves ante ti con el mapa que has creado. ¿Tu mapa es completo y preciso?

¿Qué se consigue con este ejercicio?

Esta actividad requiere cierto nivel de memoria para la información visual, pero en última instancia requiere que seas observador. Algunas personas pueden asimilar una gran cantidad de información visual (piensa en un diseñador de interiores o en un experto en reformas de viviendas); otras solo perciben algunas cosas.

Ejercicio 10: Aprendiz de cartógrafo (2)

Paso 1: Con una hoja de papel y un lápiz a tu lado, conduce hasta una parte de la ciudad que no te resulte familiar.

Paso 2: Elige un punto de partida y otro de llegada. Empieza a conducir, y repite el mismo recorrido cuatro veces. Mientras conduces, toma nota mental de los nombres de las calles.

Precaución

Al conducir, presta mucha atención a la carretera. Nunca escribas notas ni dibujes mientras conduces.

Paso 3: Detente y estaciona en un lugar tranquilo, donde puedas escribir.

Paso 4: Con papel y lápiz, dibuja un mapa de la ruta que has seguido desde el punto de partida, incluidos los nombres de las calles, cruces y ubicaciones que recuerdes.

Paso 5: Compara tu trabajo con un mapa impreso, o con uno que encuentres en tu ordenador o *smartphone*. ¿Tu mapa es tan completo como pensabas?

¿Qué se consigue con este ejercicio?
Este ejercicio requiere que recuerdes una serie de tareas y experiencias visuales-espaciales. Probablemente será más fácil para aquellos con un buen sentido de la orientación.

Ejercicio 11: Describe una pintura

Paso 1: Ve a una galería de arte o museo (no importa su tamaño) con alguien que te acompañe. Este ejercicio es una buena excusa para salir en compañía.

Paso 2: Busca una pintura que incluya figuras o escenas que sean fáciles de describir. Las pinturas realistas son más fáciles de describir que las abstractas.

Paso 3: Estudia la pintura durante 30 segundos.

Paso 4: Dale la espalda a la pintura. Descríbele la pintura en detalle a tu acompañante.

Paso 5: Vuelve a examinar la pintura.

Paso 6: Vuelve a darle la espalda y añade detalles adicionales a tu descripción (como «el príncipe lleva la espada a su derecha»).

¿Qué se consigue con este ejercicio?
Esta actividad requiere mucha atención a los detalles y un uso más intenso de la percepción visual. El arte es una forma de comunicarse y es por ello que los artistas incluyen importantes detalles en sus pinturas. Esta es una buena forma de practicar la ampliación de tu percepción visual.

Ejercicio 12: Encuentra las diferencias

Paso 1: Con un cuaderno y un lápiz en la mano, visita una tienda de ropa que tenga distintos tipos de camisas elaboradas por diseñadores diferentes. Las camisas de vestir para hombres funcionan bien en este ejercicio porque, de entrada, todas son muy similares. (Si te da vergüenza o no te apetece ir a una tienda, puedes hacer este ejercicio con las camisas de algún familiar, o de varios de ellos.)

Paso 2: Elige tres marcas diferentes para que puedas comparar tres diseñadores distintos. Asegúrate de que las marcas que eliges reúnan en su conjunto más de un estilo o patrón.

Paso 3: Escribe los nombres de los diseñadores en tu cuaderno.

Paso 4: Examina las camisas del primer diseñador o diseñadora durante 30 segundos. Debajo de su nombre, ve tomando nota sobre los detalles de las camisas (como los tipos de cuello, botones, costuras, etc.).

Paso 5: Repite el paso 4 con las camisas del segundo diseñador.

Paso 6: Repite el paso 4 con las camisas del tercer diseñador.

Paso 7: Con tu cuaderno abierto, revisa tus notas mientras vuelves a examinar cada marca de camisas. ¿Hay algún elemento sutil que se te pasó por alto?

¿Qué se consigue con este ejercicio?
Este ejercicio ayuda a mejorar tus habilidades de discriminación visual, ya que requiere que prestes mucha atención a los detalles. Esta habilidad es fácil para algunas personas, mientras que otras pueden sorprenderse de lo mucho que se les pasó por alto.

Ejercicio 13: Expande tus colores

Paso 1: Empieza a prestar atención a la ropa que vistes a diario.

Paso 2: Durante una semana, anota cada día los colores de tu ropa (por ejemplo: «Lunes: azul y naranja» o «Martes: verde, blanco y azul»).

Paso 3: Durante esa semana, añade cada día a tu indumentaria un color que no uses normalmente. Puedes crear nuevos conjuntos que combinen un mayor número de colores de los que usas habitualmente, incorporando una corbata más vistosa o una bufanda multicolor. (Pídele consejo a un amigo de confianza si estás preocupado por tu sentido de la moda o del color.)

¿Qué se consigue con este ejercicio?
Cuando añades más tonos a tu ropa, usas la parte de tu cerebro que ve e interpreta el color. Es posible que ya lo hagas muy bien y necesites poca práctica, mientras que otros pueden necesitar más tiempo para resolver el reto.

¿Sabías que...?

Laberintos y unir los puntos

¿Conoces esas publicaciones de pasatiempos que venden en los quioscos (especialmente en los aeropuertos)? Son económicas, fáciles de llevar y están repletas de excelentes juegos para desarrollar el cerebro. Busca las que estén llenas de laberintos y de juegos de unir los puntos para desarrollar tus habilidades visuales-espaciales. También puedes encontrar muchas versiones gratuitas en internet que puedes imprimir.

Ejercicio 14: ¿Qué animal soy?

Paso 1: Primero reúne el material que necesitarás para este ejercicio: una cartulina pequeña, unas tijeras y un libro sobre naturaleza salvaje con muchas imágenes grandes de diferentes animales.

Paso 2: Recorta un agujero cuadrado de 2,5 cm en la cartulina.

Paso 3: Pídele a otra persona que coloque la cartulina sobre una imagen cualquiera del libro y que luego te lo dé con la imagen tapada.

Paso 4: Examina lo que ves a través del agujero. ¿Puedes identificar al animal a través de este pequeño cuadrado?

Paso 5: Si no puedes, mueve la cartulina a un lugar diferente de la imagen. ¿Puedes identificarlo ahora?

Paso 6: Continúa moviendo la cartulina alrededor de la imagen para obtener más visión del animal hasta que puedas identificarlo correctamente.

¿Qué se consigue con este ejercicio?

En este ejercicio, aprovechas las habilidades visuales y mentales que usa tu cerebro para completar una imagen. Al ver pequeñas partes, obtienes pistas sobre la imagen completa. Un pequeño detalle podría conectarte con la imagen mental que tienes de ese animal (por ejemplo, si ves parte de un colmillo, podrías conectar eso con tu imagen mental de un elefante). Este ejercicio también requiere capacidad memorística, porque puedes mirar activamente solo un área pequeña a la vez. Puedes jugar a este juego con todo tipo de imágenes. Los animales son una buena opción porque la gente está familiarizada con muchos de ellos. También puedes intentar usar álbumes de fotos de la familia o lugares que hayas visitado varias veces.

Ejercicio 15: Memoria visual (1)

Paso 1: Examina de cerca esta imagen durante 30 segundos.

Paso 2: Cubre la imagen por completo para que no puedas verla.

Paso 3: Escribe 10 detalles sobre la imagen que recuerdes.

1. ______________________ 6. ______________________

2. ______________________ 7. ______________________

3. ______________________ 8. ______________________

4. ______________________ 9. ______________________

5. ______________________ 10. ______________________

Paso 4: Descubre la imagen. ¿Han sido precisos tus recuerdos?

¿Qué se consigue con este ejercicio?

La memoria visual es la capacidad de convertir una memoria sensorial a muy corto plazo en conocimiento a corto plazo sobre el entorno que te rodea. La memoria sensorial pura solo dura un segundo, pero se puede convertir en memoria a corto plazo, donde evocamos o imaginamos lo que acabamos de ver. Ahora está involucrada una parte diferente del cerebro: ya no es una experiencia puramente sensorial. Para hacer bien este tipo de ejercicio, debes, al tiempo que utilizas tus habilidades de percepción, prestar atención a los detalles mientras examinas la imagen.

Ejercicio 16: Memoria visual (2)

Paso 1: Examina detenidamente la imagen durante 45 segundos.

Paso 2: Cubre la imagen por completo para que no puedas verla.

Paso 3: Escribe 10 detalles que recuerdes sobre la imagen.

1. ________________
2. ________________
3. ________________
4. ________________
5. ________________
6. ________________
7. ________________
8. ________________
9. ________________
10. ________________

Paso 4: Descubre la imagen. ¿Han sido precisos tus recuerdos?

¿Qué se consigue con este ejercicio?

Este ejercicio te da más tiempo para estudiar la imagen que el «Ejercicio 15: Memoria visual (1)», pero no es necesariamente más fácil. La imagen del ejercicio 15 es un primer plano de un conjunto de objetos (principalmente alimentos), mientras que esta otra imagen está menos definida y tiene un sombreado más sutil que requiere un poco más de atención.

Ejercicio 17: Revisa tu punto ciego

Paso 1: Cubre por completo tu ojo derecho. Ahora, solo con el izquierdo, mira fijamente la imagen de la derecha. Concéntrate en la cruz rodeada por el círculo.

Paso 2: Inclínate hacia delante y hacia atrás para que tus ojos estén a diferentes distancias de la imagen. Observa que, a ciertas distancias, la cruz del lado izquierdo parece desvanecerse.

¿Qué se consigue con este ejercicio?

Este ejercicio pone en evidencia que la información visual que percibimos en realidad proviene de diferentes fuentes. Si hay puntos en los que un ojo está «ciego», el cerebro toma información del ojo opuesto. Sin embargo, la imagen se percibe como información continua y completa, no como una experiencia unilateral. Pero la cosa cambia si nos tapamos un ojo.

Ejercicio 18: Test de retención visual

Paso 1: Estudia la imagen durante 10 segundos y luego cúbrela.

Paso 2: Espera 30 segundos y luego observa las cuatro opciones siguientes. ¿Cuál coincide con el diseño del paso 1?

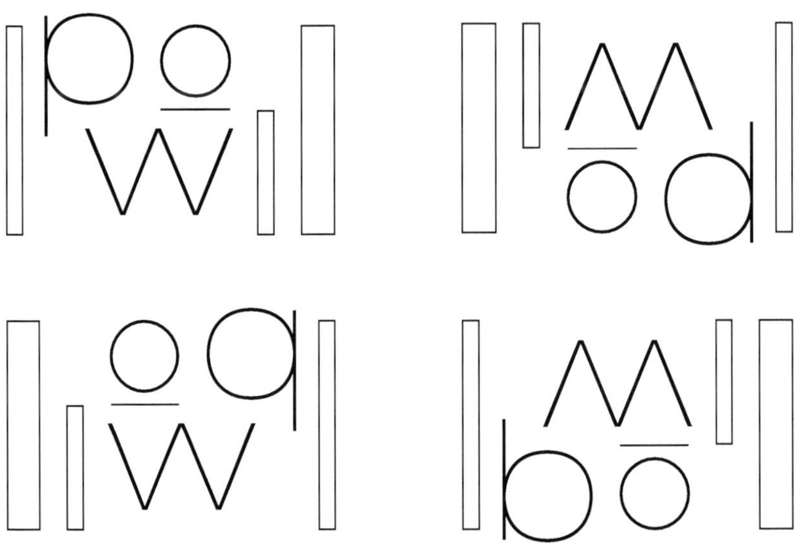

Fuente: Imágenes basadas en la prueba de retención visual de Benton, desarrollada por el Dr. Arthur Benton.

Paso 3: Descubre la imagen original del paso 1 y compárala con tu selección. Si no has acertado, ¿puedes ver ahora cuál es el diseño correcto?

¿Qué se consigue con este ejercicio?

Este ejercicio pone a prueba tu memoria de estructuras visuales complejas, que requiere que tu cerebro comprenda los ángulos, las curvas y la geometría general de la imagen original y luego lo compare con una selección de cuatro imágenes. (*Nota*: La prueba de retención visual de Benton también se utiliza como diagnóstico para ayudar a desvelar problemas cerebrales que podrían surgir de diversas afecciones, como una lesión cerebral. Este aspecto de diagnóstico va más allá del alcance de este libro.)

Ejercicios de desarrollo del lenguaje

Estamos rodeados de palabras todo el día. Hablamos, escuchamos y todo nuestro entorno sonoro, ya sean telediarios o programas de radio, nos expone a un diluvio de palabras. Entonces, ¿por qué hay que desarrollar el lenguaje? La razón es que nuestra forma típica de hablar y oír, aunque sea asombrosa en sí misma, tiende a utilizar vías cerebrales muy trilladas que establecimos cuando éramos pequeños. Hacer ejercicios de lenguaje más concretos y extensos hace que algunos centros vitales de nuestro cerebro se activen y trabajen más. Además, aprender nuevos idiomas puede estimular estructuras cerebrales vitales como el hipocampo, que es el generador de índices de memoria del cerebro.

Para los lectores que, gracias a su trabajo, escriben o leen con frecuencia (como maestros, escritores, editores, etc.), algunos de estos ejercicios pueden resultarles menos efectivos. Pero son buenos entrenamientos para la mayoría de nosotros.

Ejercicio 1: Lee y resume

Paso 1: Elige un pasaje de un libro o revista que tenga aproximadamente una página. El libro o revista puede ser impreso o digital. El texto elegido puede ser de ficción o no ficción, y de cualquier temática.

Paso 2: Lee el pasaje.

Paso 3: Vuelve a leer el pasaje.

Paso 4: Cierra el libro (o la revista, el navegador o la tableta) para que no puedas ver el pasaje.

Paso 5: Escribe un resumen de un párrafo de lo que leíste.

Paso 6: Deja tu resumen a un lado durante al menos una hora.

Paso 7: Vuelve a leer el pasaje y evalúa lo bien que tu resumen capta los puntos principales.

Paso 8: Si lo deseas, pídele a alguien que lea tu resumen, que luego lea el pasaje y que compare los dos.

¿Qué se consigue con este ejercicio?
Cuando escribes el resumen, creas una nueva forma de contar la historia que emplea tus habilidades lingüísticas. Esta actividad no solo trabaja los muchos centros cerebrales necesarios para leer, sino que también utiliza la memoria y los centros superiores del cerebro (como la corteza prefrontal) para interpretar una historia y dar sentido a las cosas.

Ejercicio 2: Lee y concluye

Paso 1: Elige un artículo de opinión de un periódico o revista (una edición impresa o digital).

Paso 2: Lee el artículo.

Paso 3: Cierra la publicación o el navegador para que no puedas ver el artículo. Espera 20 minutos.

Paso 4: Escribe la conclusión principal del artículo, algo así como: «Según el autor, el petróleo no es sostenible debido a la corta vida útil de los pozos y a la necesidad de financiación perpetua para abrir otros nuevos».

¿Qué se consigue con este ejercicio?
Al leer y luego resumir el punto principal de un artículo de opinión, practicas tu comprensión del lenguaje escrito y las habilidades lingüísticas necesarias para reformular el texto originario en una conclusión. Esto también requiere cierto uso de la memoria a corto plazo y puede ayudar a mejorar el funcionamiento de esa área del cerebro.

Ejercicio 3: Aprende palabras de otro idioma

Paso 1: Visita una página web o elige un libro que esté escrito en un idioma que te interese (debe estar en una lengua distinta a la tuya y que no conozcas).

Paso 2: Examina el texto e identifica las cinco palabras que deseas aprender.

Paso 3: Con un diccionario o consultando en internet, estudia el significado y la pronunciación de las cinco palabras.

Paso 4: Practica la pronunciación de las palabras y memoriza sus significados.

Paso 5: Escribe las palabras y sus significados. Deja tus notas a un lado y espera 24 horas.

Paso 6: Al día siguiente, intenta recordar y decir las cinco palabras.

Paso 7: Compara lo que recuerdas con lo que escribiste.

¿Qué se consigue con este ejercicio?
Este ejercicio implica el aprendizaje de nueva información de vocabulario e involucra los centros de procesamiento del lenguaje presentes en el cerebro. Tu cerebro establece nuevos patrones y nuevas asociaciones a medida que aprende nuevas palabras.

Ejercicio 4: Aprende una frase de otro idioma

Paso 1: Visita una página web o elige un libro que esté escrito en un idioma que te interese, pero que no hables.

Paso 2: Examina el texto y elige una frase relacionada con una situación o solicitud común, una frase cotidiana como: «¿Cómo estás hoy?» o «¿Dónde hay un buen restaurante por aquí?».

Paso 3: Con un diccionario o consultando en internet, estudia el significado y la pronunciación de cada palabra de la frase.

Paso 4: Practica la pronunciación de la frase y memoriza su significado.

Paso 5: Enséñale la frase a otra persona o úsala con un amigo que ya hable ese idioma.

¿Qué se consigue con este ejercicio?

Esta actividad trabaja habilidades y partes del cerebro similares a las del «Ejercicio 3: Aprende palabras de otro idioma». La ventaja es que te obliga a vincular las palabras con el significado general más complejo de la frase.

Ejercicio 5: Aprende cinco sinónimos

Paso 1: Elige cualquier palabra que se te ocurra o elige una al azar de un periódico o revista.

Paso 2: Con un diccionario de sinónimos (de edición impresa o digital), busca cinco sinónimos (palabras con significados similares) de la palabra que has elegido.

Paso 3: Escribe la palabra y sus cinco sinónimos. Intenta usar estas palabras en tus conversaciones durante las próximas semanas.

▶ ______________________

1. ______________________
2. ______________________
3. ______________________
4. ______________________
5. ______________________

¿Qué se consigue con este ejercicio?

Esta es una forma de expandir tu vocabulario, codificando nuevos conocimientos sobre el significado de las palabras en tu memoria a largo plazo.

Ejercicio 6: Aprende cinco antónimos

Paso 1: Elige cualquier palabra que se te ocurra o escoge una al azar de un periódico o revista.

Paso 2: Con un diccionario de sinónimos y antónimos (edición impresa o digital), busca cinco antónimos (palabras con significado opuesto) de la palabra elegida.

Paso 3: Escribe la palabra y sus cinco antónimos. Intenta usar estas palabras en tus conversaciones durante las semanas siguientes a este ejercicio.

► ______________________

1. ______________________
2. ______________________
3. ______________________
4. ______________________
5. ______________________

¿Qué se consigue con este ejercicio?
Al igual que el anterior, este ejercicio amplía tu vocabulario. En este caso, comparar palabras que tienen significados opuestos te ayuda a aprenderlas y recordarlas.

Ejercicio 7: Construye nuevo vocabulario

Paso 1: Busca un diccionario impreso (si no dispones de uno, en la biblioteca de tu localidad seguro que tienen).

Paso 2: Abre una página al azar.

Paso 3: Examina las palabras de la página hasta que encuentres una que no conozcas.

Paso 4: Lee y memoriza el significado y la pronunciación de esa palabra.

Paso 5: Comparte esta nueva palabra con un amigo.

¿Qué se consigue con este ejercicio?
Este ejercicio fomenta la expansión del vocabulario, que tiende a involucrar al hemisferio izquierdo del cerebro.

Ejercicio 8: Retransmite un evento deportivo

Paso 1: Planifica con antelación el visionado de un evento deportivo, ya sea en la tele o en internet. Elige un deporte con el que estés familiarizado y que comprendas.

Paso 2: Pide ayuda a un amigo o familiar que también sea seguidor de este deporte.

Paso 3: Llama por teléfono al amigo cuando comience el evento deportivo y siéntate frente al televisor.

Paso 4: Baja el volumen para no escuchar la retransmisión.

Paso 5: Cuando comience el juego, actúa como si fueras el locutor. Describe a tu amigo o familiar, con el mayor detalle posible, la acción y las jugadas que se producen. No te preocupes por la información que transmites, pues no dispones de los mismos puntos de vista e información que el locutor original. Continúa durante 20 minutos.

¿Qué se consigue con este ejercicio?
Ver un evento deportivo en una pantalla y describírselo a alguien por teléfono requiere absorber información visual, interpretarla y luego convertirla en un lenguaje descriptivo, todo de forma muy rápida. Un deporte donde se produzcan movimientos o cambios rápidos, como el baloncesto o el fútbol, requerirá más agilidad verbal que un deporte más tranquilo como el ciclismo o el golf. Pero describir cualquier evento deportivo produce beneficios.

Ejercicio 9: Gesticula con las manos

Paso 1: Aprovecha cuando tengas delante a un amigo o familiar para que te escuche mientras le cuentas una historia.

Paso 2: Elige una historia o anécdota que conozcas bien, como algo que te sucedió o que presenciaste. La explicación debería alargarse unos 5 minutos.

Paso 3: Cuando cuentes la historia a tu audiencia, debes usar las manos tanto como te sea posible. Gesticula, traza formas y señala direcciones de elementos en tu historia.

¿Qué se consigue con este ejercicio?
Al usar las manos mientras hablas, coordinas la actividad física con la actividad verbal. Este ejercicio estimula dos centros de control del cerebro que se encuentran separados pero que trabajan juntos (la corteza prefrontal, que controla el movimiento, y el lóbulo frontal izquierdo, que controla el habla).

Ejercicio 10: Tiempo de rimas

Paso 1: Escribe una lista de cinco palabras al azar.

Paso 2: Para cada una de tus cinco palabras, escribe otra más que rime con ella.

1. ______________ ______________________________
2. ______________ ______________________________
3. ______________ ______________________________
4. ______________ ______________________________
5. ______________ ______________________________

¿Qué se consigue con este ejercicio?
Este es un simple ejercicio de entrenamiento lingüístico, pero requiere que examines mentalmente tu vocabulario y que uses tu representación mental de sonidos similares para generar la lista.

Ejercicio 11: Escribe un poema

Paso 1: Piensa en una idea o sentimiento que quieras expresar.

Paso 2: Estudia un poco los estilos de poesía para determinar cuál te gustaría probar. Hay muchos recursos excelentes en internet que ofrecen la posibilidad de escribir poesía. Las bibliotecas son otro gran recurso: puedes hojear un libro de poemas e intentar copiar el estilo que más te guste.

Paso 3: Escribe tu poema.

Paso 4: Guarda el poema donde no puedas leerlo. Espera 24 horas.

Paso 5: Saca tu poema y vuelve a leerlo.

Paso 6: Pídele a una persona cercana que lea el poema y te diga lo que significa para ella.

¿Qué se consigue con este ejercicio?
Este ejercicio es una excelente manera de desarrollar el centro del lenguaje del cerebro. Cuando escribes poemas, tienes que encajar las palabras en una estructura específica, lo que hace que el cerebro se ajuste a unas reglas. También estimula la expresión creativa de tus pensamientos en palabras.

Ejercicio 12: Escribe un relato breve

Paso 1: Elige un tema, situación o periodo de la historia que te interese.

Paso 2: Lee acerca de los aspectos prácticos de la escritura de cuentos. Determinados libros y páginas web, como www.literautas.com/es/blog/post-3910/como-escribir-un-cuento-corto/, te pueden ayudar. Pero hay muchos más.

Paso 3: Resérvate un tiempo sin interrupciones y comienza a escribir tu historia.

Paso 4: Tómate tu tiempo para completar la labor, y no te rindas si ves que hay algunos días que resultan improductivos.

Paso 5: Cuando hayas terminado de escribir, editar y corregir tu historia, pídele a un amigo cercano que la lea y luego contrasta sus impresiones con las tuyas.

Paso 6: Guarda la historia durante una semana y luego vuelve a leerla. Pensando en las impresiones de tu amigo sobre la historia, trata de releerla con una nueva perspectiva. Si una semana de espera no es suficiente (los escritores a veces necesitan distanciarse de sus creaciones mucho más tiempo), tómate dos semanas.

¿Qué se consigue con este ejercicio?
La escritura de relatos breves es tanto un esfuerzo creativo como una forma de ejercitar las habilidades lingüísticas. En este ejercicio, se usa el lenguaje para transmitir las acciones, pensamientos, sentimientos y diálogos de los personajes del relato, se dispone el idioma en un orden determinado (cronológico o de otro tipo) y se deben elegir las palabras con cuidado. Trabajar con el cerebro de esta manera desarrolla tu inteligencia lingüística general.

Ejercicio 13: Encuentra la falacia

Paso 1: Estudia la naturaleza de las falacias lógicas. Hay muchos libros sobre las teorías de la argumentación y la lógica informal. También hay páginas web donde encontrar más información. He aquí una de ellas: https://psicologiaymente.com/inteligencia/tipos-falacias-logicas-argumentativas.

Paso 2: Una vez que estés familiarizado con los tipos de falacias lógicas, es hora de practicar. Compra un periódico y lee una de las cartas al director. Este enfoque es más eficaz que leer comentarios sobre noticias en internet, que están repletos de falacias lógicas y comentarios insultantes e incendiarios.

Paso 3: Lee la carta y analiza el argumento del escritor. ¿Existen falacias lógicas, como *ad hominem*, *ad populum* o argumentos del hombre de paja?

Paso 4: Mientras la revisas, toma notas sobre dónde están las falacias.

Paso 5: A medida que este ejercicio se te vaya haciendo más fácil, escucha los argumentos de las noticias de televisión o los programas de actualidad, donde los oradores tienen tiempo suficiente para diseñar su lógica. Repite tu proceso de revisión crítica de estos argumentos en tiempo real. También puedes utilizar este tipo de revisión para analizar la lógica empleada en los editoriales de los periódicos y en los artículos de opinión de los columnistas habituales.

¿Qué se consigue con este ejercicio?

Este es un ejercicio complejo pero útil para tus habilidades lingüísticas. Debes interpretar y ensamblar los significados de las palabras y pensar en los conceptos que se describen en un nivel abstracto. Esto requiere habilidades de razonamiento, pero está estrechamente relacionado con las capacidades lingüísticas del cerebro.

Ejercicio 14: Cambia tu acento

Paso 1: Mira un vídeo de un orador en YouTube (puede ser un *youtuber* o una persona famosa). Procura que tenga un acento notablemente diferente al tuyo.

Paso 2: Reproduciendo el vídeo las veces que sea necesario, repite lo que dice el orador y escribe dos o tres palabras que tú y el orador pronunciéis de manera muy diferente.

Paso 3: Di estas palabras en voz alta y escúchate a ti mismo. Comprueba si puedes detectar exactamente en qué se diferencia tu pronunciación de la pronunciación del orador.

Paso 4: Repite este ejercicio utilizando vídeos de un orador de otro país.

¿Qué se consigue con este ejercicio?
Este ejercicio desarrolla la capacidad de tu cerebro para comprender los matices del lenguaje, tanto los de los demás como los tuyos. Nuestro cerebro hace esto automáticamente, por lo que, a menudo, podemos saber intuitivamente si alguien no es de «por aquí» (donde sea que estés). Sin embargo, a menudo no nos fijamos realmente en cuáles son esas diferencias. Este es un ejercicio de escucha atenta que también mejorará tu capacidad de observación.

¿Sabías que...?

Aumenta la conciencia sobre tu acento

Si deseas aumentar tu conocimiento acerca de las diferencias que existen en el habla, tan evidentes por mucho que a veces escapen a nuestra conciencia, mira durante unos minutos un vídeo de YouTube. Escuchar incluso las diferencias regionales en la pronunciación y el uso de palabras en tu mismo idioma resulta muy interesante.

Ejercicio 15: Trabalenguas

Paso 1: Busca trabalenguas en un libro o en internet.

Paso 2: Elige un trabalenguas nuevo cada día durante una semana y practica diciéndolo. Por ejemplo, prueba con el clásico «Tres tristes tigres comen trigo en un trigal».

Paso 3: Elige trabalenguas cada vez más difíciles a medida que mejore tu precisión. Cuando empieces a dominar ciertos trabalenguas que anteriormente te suponían un desafío, elige los más largos o aquellos con fonemas (sonidos) que te resulten más difíciles.

¿Qué se consigue con este ejercicio?

Recitar un trabalenguas es una forma de trabajar la capacidad de habla de tu cerebro mientras lees y procesas simultáneamente palabras en una página o en la pantalla.

Ejercicio 16: Crea una metáfora

Paso 1: Si no estás familiarizado con el término, primero busca un poco de información sobre qué es una metáfora. Se trata de una figura retórica en la que se vinculan dos palabras o frases para hacer una comparación, pero la oración no es literalmente verdadera. Un ejemplo sería: «El ejercicio cerebral es una actividad de gimnasio para la mente». Tu cerebro no va literalmente al gimnasio, pero ambas son formas de ejercicio, lo que las hace fáciles de comparar.

Paso 2: Elige una situación, lugar o historia que te resulte familiar, y luego considera otro ejemplo que sea similar en algún detalle importante. Crea tu metáfora.

Paso 3: Crea una nueva metáfora cada día durante una semana.

Paso 4: Comparte tus metáforas con alguien que pueda ayudarte y vea si tienen sentido.

¿Qué se consigue con este ejercicio?

En este ejercicio utilizarás tanto el lenguaje como las partes de tu cerebro que procesan comparaciones y realizan análisis. Cuando analizas detenidamente el significado de las palabras, desafías tus habilidades lingüísticas.

Ejercicio 17: Haz un símil

Paso 1: Si no estás familiarizado con el término, primero busca un poco de información sobre qué es un símil. Es una comparación de dos palabras o frases en la que se utilizan los términos *parecido a* o *como*. Un ejemplo sería: «El ejercicio mental es como levantar pesas».

Paso 2: Elige una situación, lugar o historia que te resulte familiar, y luego considera otro ejemplo que sea parecido en algún detalle importante. Crea tu símil.

Paso 3: Crea un nuevo símil todos los días durante una semana.

Paso 4: Comparte tus símiles con un amigo que vea si tienen sentido.

¿Qué se consigue con este ejercicio?
Al igual que el ejercicio anterior, esta actividad desafía tu vocabulario y el uso del lenguaje descriptivo.

Ejercicio 18: Crea una aliteración

Paso 1: Si no estás familiarizado con el término, primero busca un poco de información sobre qué es una aliteración. Se trata de una serie de palabras en la mayoría de las cuales se repite una letra o sonido.

Paso 2: Haz una descripción en la que uses una frase formada por palabras aliteradas. Quizás algo como este verso de Rubén Darío: «Los suspiros de escapan de su boca de fresa».

Paso 3: Crea una nueva oración en la que uses la aliteración todos los días durante una semana.

Paso 4: Comparte tus oraciones aliteradas con un amigo que te ayude y vea si tienen sentido.

¿Qué se consigue con este ejercicio?
Esta divertida actividad te sirve para entrenar tu vocabulario y fortalece tu sentido de los sonidos de las palabras. En cierto modo, la aliteración tiene un vínculo con los trabalenguas, ya que todos se basan en la repetición de un sonido.

Ejercicio 19: ¡No digas «mmm...»!

Paso 1: Piensa en un tema sobre el que te gustaría dar un discurso. Limítate a unos tres minutos para hablar.

Paso 2: Escribe tu discurso. Empieza por explicar por qué crees que el tema es importante y luego indica tu punto de vista. A continuación, da tres razones que apoyen tu posición. Resume y reafirma tu posición como conclusión.

Paso 3: Lee tu discurso escrito en voz alta.

Paso 4: Recita el discurso a un amigo o grábalo (para que puedas escucharte a ti mismo más tarde). Empieza con una puntuación completa de 10/10 y resta un punto por cada vez que digas «ah...» o «mmm...» o hagas una pausa de más de 2 segundos. ¿Qué puntuación consigues?

¿Qué se consigue con este ejercicio?
Este es un ejercicio de fluidez verbal para tu cerebro, y es más difícil de lo que la mayoría de la gente piensa. Naturalmente, hacemos pausas cuando hablamos y, a menudo, dejamos palabras a medio terminar o usamos recursos para ganar tiempo tales como «ah...» y «mmm...». Realizar un discurso fluido y claro es bastante desafiante.

Ejercicios de procesamiento sensorial

El sistema sensorial es clave para despertar el cerebro. Dependemos de la información sensorial para activar muchos de nuestros pensamientos y movimientos. Los bebés dependen del tacto y usan la vista como una herramienta para orientarse en su entorno. Como adultos, a veces nos encontramos en entornos con pocas opciones de enriquecimiento sensorial, o en otros que proporcionan información sensorial muy repetitiva.

¿Sabías que...?

Compensación de los sentidos

Cuando una persona pierde un sentido (como la vista o el oído), esa pérdida puede ser difícil o incluso traumática al principio, pero, con el tiempo, los otros sentidos de la persona comenzarán a alimentar al cerebro con más información y estimulación. El cerebro humano intenta siempre compensar y adaptarse a casi cualquier desafío.

Ejercicio 1: Atrapa una ola

Paso 1: Si no vives cerca de la playa, consigue grabaciones de sonidos del mar. Hay muchas disponibles en el mercado; la mayoría contiene música tranquila junto con el sonido de suaves olas. Si tienes la suerte de vivir cerca del mar, ve a un tramo tranquilo de playa y siéntate en la orilla.

Paso 2: Cierra los ojos y concéntrate en escuchar las olas. Concéntrate en su ritmo.

Paso 3: Toma conciencia de tu respiración en relación con las olas. Deja que tu respiración sea regular y rítmica como el mar (aunque probablemente no será al mismo ritmo).

Paso 4: Concéntrate en tu respiración durante 15 minutos.

¿Qué se consigue con este ejercicio?

Este ejercicio induce un estado meditativo. La clave es el sonido repetitivo y tranquilizador de las olas. Hay algo relajante y primordial en el agua en movimiento, por lo que escuchar las olas es una herramienta excelente para crear una experiencia rica en sentidos para tu cerebro.

Ejercicio 2: Aprende a pintar

Paso 1: Inscríbete en un curso de pintura para principiantes en un centro de actividades culturales local o compra un buen libro de iniciación a la pintura.

Paso 2: Compra los utensilios necesarios.

Paso 3: Establece un lugar en tu hogar donde puedas pintar sin preocuparte por las manchas o el desorden, y donde sea fácil guardar los materiales. Si estás pintando temas fuera de casa, prepara un estuche que te permita transportar tus materiales.

Paso 4: Empieza a pintar. Practica, practica y practica.

¿Qué se consigue con este ejercicio?
Muchas personas se inician en la pintura como *hobbie*, a menudo a una avanzada edad. Hay buenas razones para ello: la pintura conlleva un esfuerzo creativo, rico en sentidos. También requiere cierto grado de coordinación y habilidad (dependiendo del estilo de pintura que se elija). El uso de colores, incluida su elección y combinación, es una fuente de esa información sensorial. La aplicación de la pintura es diferente según se trate de lienzo, papel u otra superficie. Las formas o imágenes que creas estimulan tu mente. Este es el tipo de nutrición sensorial rica que anhela el cerebro.

¿Sabías que...?

La cerámica es un trabajo cerebral

Otro *hobbie* que fortalece el cerebro y estimula los sentidos es la cerámica. Hay muchos lugares para emprender esta búsqueda creativa: en las escuelas, los talleres locales y los centros de actividades culturales a menudo ofrecen cursos. Tocar y manipular la arcilla es una experiencia rica y divertida para los sentidos. Aprenderás una nueva habilidad, que es vital para mantener tu cerebro activo y prevenir el estancamiento mental.

Ejercicio 3: Disfruta de la aromaterapia

Paso 1: Deja correr agua tibia en tu bañera; debe estar lo suficientemente caliente como para ser relajante, pero no demasiado. No la llenes hasta arriba. El nivel de agua debe ser lo bastante profundo como para proporcionar un baño cálido, nada más.

Paso 2: Añade al agua unas gotas de un aceite esencial relajante. Los aceites de lavanda y cítricos funcionan mejor a la hora de proporcionar relajación.

Precaución

Si tienes la piel sensible, asegúrate de elegir el mejor aceite esencial posible para ti.

Paso 3: Métete en la bañera y sumérgete durante 15 minutos. Reduce tu ritmo interior y calma tu respiración.

Paso 4: Toma conciencia del aroma del aceite esencial. Concéntrate en ello. Fíjate en qué recuerdos te trae o en qué te hace pensar.

¿Qué se consigue con este ejercicio?

Los beneficios de esta experiencia sensorial son bien conocidos. La sensación de estar en el agua es poderosa porque toda persona flotaba en el útero al comienzo de la vida; la experiencia como adulto es reconstituyente. Añadir un aroma botánico es importante en este ejercicio porque el olfato (el sentido del olfato) trae información a un punto del cerebro que está situado muy cerca de los centros de emoción. La información sensorial de los aromas puede llegar a estos centros emocionales más rápido que a los centros superiores de la corteza cerebral, donde interpretamos o pensamos en la información. Oler algo relajante mientras estás tumbado en un cómodo baño es una rica experiencia para tus sentidos y estimula las áreas emocionales del cerebro.

Ejercicio 4: Masaje relajante

Paso 1: Pide cita en un centro de masaje profesional, limpio y relajado.

Paso 2: Pídele al terapeuta un masaje relajante.

Paso 3: Mientras disfrutas de tu masaje, concéntrate en los diferentes aspectos de la experiencia. ¿En qué área está trabajando el terapeuta? ¿El masaje se percibe diferente en el cuello que en la parte baja de la espalda? ¿Cuánta presión está aplicando el terapeuta? ¿Hay áreas sensibles? (Si es así, no dudes en comunicarlo.) ¿El terapeuta está usando aromaterapia y/o música para relajarte aún más? ¿Eres capaz de deslizarte hacia un estado neutral en el que no pienses mucho?

¿Qué se consigue con este ejercicio?

No hace falta decir que un masaje relajante te sentará bien. El sistema nervioso está programado para anhelar el tacto. Al satisfacer esta necesidad, alimentas a tu cerebro con una gran cantidad de información sensorial que podría faltar si no experimentas con frecuencia este tipo experiencia. El masaje también es un gran remedio para el estrés.

Ejercicio 5: Masaje terapéutico

Paso 1: Pide cita en un centro de masaje profesional, limpio y relajado.

Paso 2: Pídele al profesional un masaje terapéutico que incluya múltiples técnicas. Esto también puede incluir técnicas de relajación, pero las deberá combinar con una variedad de otras técnicas de masaje, como estiramiento muscular, vibración suave aplicada a áreas musculares tensas o nudosas, o enrollamiento de la piel, para conseguir resultados terapéuticos.

Paso 3: Presta atención a los detalles de las diferentes técnicas. Si el terapeuta trabaja profundamente y separa un poco los músculos o hace girar la piel y la levanta, ¿cómo te sientes? ¿Qué te hace recordar? ¿Cómo te sientes después? ¿Relajado? ¿Contento? ¿Cansado?

¿Qué se consigue con este ejercicio?

Como se explica en el «Ejercicio 4: Masaje relajante», nuestro sistema nervioso necesita ser tocado para prosperar. Al satisfacer esta necesidad, se refuerza el cerebro y el sistema nervioso. En este caso, hay más variedades de información sensorial para explorar. El estiramiento de los músculos o la sensación de que la piel se enrolla envían toneladas de información estimulante al cerebro.

Ejercicio 6: Disfruta del *watsu*

Paso 1: La palabra *watsu* proviene de la abreviatura de *water shiatsu*, es decir, «agua *shiatsu*». El *shiatsu* es un tipo de masaje terapéutico que utiliza una presión suave para estimular los puntos de acupresión. El *watsu* se hace en agua tibia con sal, porque ayuda al paciente a flotar casi sin peso.

Paso 2: Llama y pregunta al terapeuta sobre tarifas, su formación y cómo funciona. Si tienes problemas de movilidad, pregunta sobre la accesibilidad de la instalación. Si no puedes nadar, pregunta el grado de flotabilidad que ofrece el agua salada, si pueden proporcionar dispositivos de flotación y cómo supervisarán el tratamiento para garantizar tu seguridad. Pide una cita para un tratamiento si te sientes cómodo con las respuestas.

Paso 3: Experimenta el tratamiento. ¿Cómo te sientes flotando libremente o deslizándote por el agua? ¿El patrón ondulado te relaja o te hace dormir? ¿Qué se te pasa por la cabeza durante el tratamiento? ¿Hay un punto en el que tu pensamiento se ralentiza y se olvida de que tenías un día ajetreado? ¿Cuál es tu estado emocional cuando finaliza el tratamiento?

Paso 4: Cuando termine el tratamiento, espera un poco antes de conducir a casa. (Mejor aún, pide un taxi o a alguien que te lleve.) Algunas personas encuentran el *watsu* muy estimulante, mientras que otras pueden encontrarlo desorientador o incluso sedante.

¿Qué se consigue con este ejercicio?

El trabajo acuático es un festín para los sentidos. Como sabes, la inmersión en agua es una poderosa experiencia sensorial. Combinar el poder del toque terapéutico y la sensación de flotar estimula múltiples vías sensoriales. Las personas a menudo experimentan importantes beneficios con esta terapia, incluida una mayor relajación y una reducción del dolor, la rigidez y otras molestias.

¿Sabías que...?

Conceptos básicos del *watsu*

Durante un tratamiento de *watsu*, el terapeuta guía al paciente a través de una serie de movimientos suaves, como mecerse y deslizarse, y ofrece un tratamiento de acupresión mientras aquel flota en el agua. Muchos pacientes se duermen o entran en un estado de relajación profunda. Visita www.watsu.com/spanish/ para obtener más información sobre esta técnica.

Ejercicio 7: Prueba la acupuntura

Paso 1: Infórmate y aprende un poco sobre la acupuntura. Se trata de una práctica utilizada en la medicina tradicional china. Consiste en insertar una aguja estéril, muy fina y firme, en un punto específico del cuerpo. Estos puntos están alineados a lo largo de rutas de energía asociadas con funciones y/u órganos específicos. Los puntos de acupuntura a menudo se encuentran cerca de múltiples nervios y pueden transmitir fácilmente señales poderosas al cerebro.

Paso 2: Encuentra un acupuntor cualificado. Esta persona debe contar con el permiso de la autoridad estatal o provincial. Algunos naturópatas, quiroprácticos, fisioterapeutas, osteópatas y médicos convencionales también realizan acupuntura.

Paso 3: Solicita consulta y tratamiento.

Paso 4: Experimenta el tratamiento. Comunícate claramente con tu terapeuta y asegúrate de que sepa cómo te sientes durante la visita.

¿Qué se consigue con este ejercicio?
La acupuntura es mucho más que una terapia sensorial. Es un tipo de tratamiento potente y sofisticado que se ha utilizado durante miles de años. Introduce información sensorial muy poderosa en tu cuerpo, que la transmite a tu cerebro a través de la médula espinal.

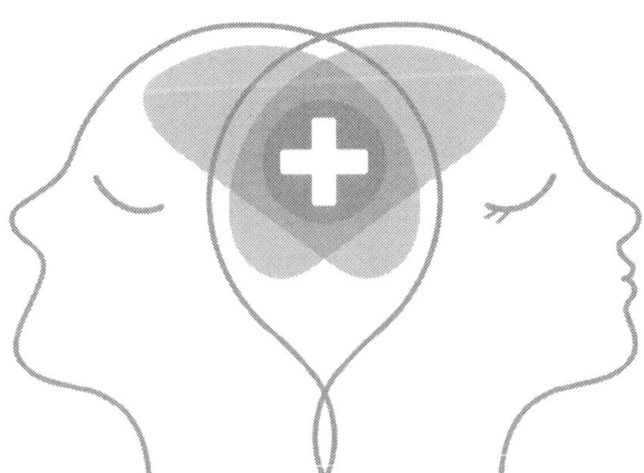

Ejercicio 8: Experimenta el *shiatsu*

Paso 1: Infórmate sobre las características y beneficios del *shiatsu* (o acupresión). También procede de la medicina tradicional china, como la acupuntura, pero en lugar de agujas se utilizan el tacto y la presión para estimular puntos específicos del cuerpo.

Paso 2: Encuentra un experto cualificado en *shiatsu* cerca de tu localidad. Busca un centro con un historial sólido: las buenas reseñas en internet o las recomendaciones del boca a boca son los mejores indicadores de calidad. Es posible que desees comenzar hablando con un terapeuta de *shiatsu* que trabaje en la consulta de otro médico o terapeuta, como un naturópata, un quiropráctico, un osteópata o un médico convencional.

Paso 3: Solicita consulta y tratamiento.

Paso 4: Experimenta el tratamiento. Comunícate con tu terapeuta antes, durante y después del tratamiento. Comparte cómo estás a lo largo del tratamiento y qué necesitas.

¿Qué se consigue con este ejercicio?
Los tratamientos de *shiatsu* son ricas experiencias sensoriales. Cuando se presionan puntos de acupresión, especialmente los sensibles, con el pulgar u otro dedo, tu cerebro recibe una gran cantidad de información sensorial. Los receptores especiales para el tacto, la presión y el estiramiento en la piel, los músculos y los tejidos intermedios enviarán al cerebro una gran cantidad de información.

Ejercicio 9: Relájate con la reflexología

Paso 1: Infórmate sobre las técnicas y los beneficios de la reflexología, una forma de terapia manual en la que las manos estimulan puntos en los pies. Puede ser relajante y muchas personas que la practican opinan que aporta otros beneficios que aumentan el bienestar.

Paso 2: Encuentra un reflexólogo titulado. Empieza por buscar un terapeuta de masajes bien capacitado que tenga un título oficial. Averigua si también tiene formación en reflexología.

Paso 3: Pide cita para la consulta y un tratamiento.

Paso 4: Experimenta el tratamiento. ¿Se relajan los músculos de tus pies sobrecargados? ¿Experimentas una sensación general de relajación? Asegúrate de que el reflexólogo conozca todos los datos importantes sobre tu historial médico, como artritis o problemas de circulación o con los nervios de los pies.

¿Qué se consigue con este ejercicio?
Los pies están increíblemente bien provistos de nervios, y se asignan áreas bastante grandes del cerebro para procesar su información sensorial (ocurre lo mismo con las manos y la cara: reciben una atención adicional del cerebro). Un tratamiento de reflexología estimula puntos específicos en tus pies y no solo alivia la tensión y el dolor, sino que también puede brindar mucha información a tu corteza sensorial (la parte del cerebro que lee lo que sucede en diversas partes del cuerpo).

Ejercicio 10: Procesamiento sensorial

Paso 1: Compra un cepillo de dientes ultrasónico, si todavía no lo tienes. Si has tenido complicaciones en tu boca anteriormente, consulta con tu dentista antes de realizar este ejercicio.

Paso 2: Lee las instrucciones antes de usar el cepillo de dientes.

Paso 3: Cepilla tus dientes de acuerdo con las instrucciones. El cabezal del cepillo utiliza vibraciones finas en lugar de fricción para «cepillar» los dientes. Descubrirás que solo tienes que pasar suavemente el cepillo a lo largo de las líneas de las encías y la superficie de los dientes en lugar de moverlo de un

→

▸ Ejercicio 10: Procesamiento sensorial

lado a otro como harías con un cepillo de dientes manual o eléctrico.

¿Qué se consigue con este ejercicio?

Un cepillo de dientes ultrasónico es una nueva sensación para muchas personas (y una herramienta eficaz para una buena higiene dental). Al utilizar un nuevo medio y un nuevo método para cepillarte los dientes y experimentar las nuevas sensaciones que acompañan la experiencia, das a tu cerebro una nueva información en lugar de una información de rutina. Es una excelente actividad para desarrollar el cerebro y, al mismo tiempo, puede tener un impacto positivo en tu sonrisa.

Ejercicio 11: Usa una tela diferente

Paso 1: Echa un vistazo a las prendas de tu armario. ¿De qué tipo de tejidos están hechas? ¿Son en su mayoría de algodón, lana o sintéticas?

Paso 2: Observa más de cerca la textura de las telas y siéntelas con las manos. ¿Tienen la superficie lisa? ¿O bien lanosa? ¿O plana como el algodón planchado?

Paso 3: Encuentra una tela en tu armario que tenga una textura que no uses con frecuencia. Si no la encuentras, es posible que debas salir y comprar algo un poco diferente. Por ejemplo, si usas principalmente algodón, ¿cómo sentirías una prenda de lana?

Paso 4: Usa esta tela menos familiar durante un día. Asegúrate de que entra en contacto con tu piel. Concéntrate en la sensación de la tela en tu cuerpo.

¿Qué se consigue con este ejercicio?

El sentido del tacto que posee la piel es muy sensible y puede hacer distinciones sutiles. A menudo nos acomodamos al mismo estilo de ropa, hecha con los mismos materiales, por lo que siempre sentimos lo mismo a medida que avanzamos en nuestras vidas. Este ejercicio es una forma de introducir nuevas sensaciones en tu piel, nervios y cerebro. El sentido del tacto puede atenuarse cuando se expone siempre a los mismos estímulos, por lo que la entrada de una nueva tela puede estimular tu cerebro y tu sistema nervioso de una manera positiva.

Ejercicio 12: Escucha nueva música

Paso 1: Haz un inventario de los estilos de música que sueles escuchar.

Paso 2: Ahora piensa en un tipo de música que no suelas escuchar. Asegúrate de que sea uno que encaje contigo. En otras palabras, debe ser diferente pero no entrar en colisión con tus creencias ni resultar inapropiado en el entorno de tu hogar (si tienes hijos, ellos deben poder escucharlo).

Paso 3: Consigue una lista de canciones de este nuevo tipo de música.

Paso 4: Durante una semana, escucha varias canciones de este género todos los días.

Paso 5: Una semana más tarde, en lugar de volver a tus gustos musicales habituales, busca otro género para explorar.

¿Qué se consigue con este ejercicio?

La música es un *buffet* sensorial, con armonías, melodías (como solos vocales o instrumentales), ritmos y letras, todo en uno. Todos tenemos un estilo favorito, y después de un tiempo comenzamos a escuchar las canciones de forma pasiva, limitándonos a percibir solo una parte de lo que tienen para ofrecer. Cuando eliges un estilo de música diferente, le das a tu cerebro una novedad, que es una señal importante para la estimulación y el nuevo aprendizaje.

Ejercicio 13: Relaja tus pies

Paso 1: Coloca dos toallas grandes (una al lado de la otra) en el suelo frente a una silla cómoda.

Paso 2: Coloca una palangana pequeña sobre una de las toallas; debe tener una capacidad de aproximadamente 20 litros y una forma que se adapte cómodamente a tus pies.

Paso 3: Llena la palangana con agua helada. Es mejor hacer varios viajes con una jarra de agua, porque la palangana llena será pesada y difícil de transportar.

Paso 4: Programa un minuto en un temporizador. Sumerge tus pies en el agua helada y activa el temporizador.

Paso 5: Retira tus pies del agua helada y apóyalos sobre la toalla adyacente de tres a cinco minutos, hasta que la circulación haya regresado completamente a tus pies. (Si no es así o sientes dolor, no continúes con este ejercicio.)

Paso 6: Repite los pasos 4 y 5 dos veces más. (Nuevamente, si comienzas a sentir dolor, no continúes con este ejercicio.)

Paso 7: Retira tus pies del agua helada y sécalos bien.

¿Qué se consigue con este ejercicio?

En realidad, este ejercicio es un tipo de hidroterapia, que utiliza el agua y la temperatura para estimular tu cuerpo y mejorar la circulación. La aplicación directa del frío, la sensación de inmersión en el agua y el contraste de temperatura ambiente y frío proporcionan fuertes señales sensoriales a tu cerebro.

Precaución

No intentes realizar este ejercicio si tienes algún problema circulatorio o de salud que te impida sumergir los pies en agua fría.

Ejercicio 14: El placer de andar descalzo

Paso 1: Elige un día para caminar al aire libre, temprano (por la mañana). Asegúrate de que la temperatura sea superior a 10 °C (una temperatura agradablemente fresca está bien).

Paso 2: Elige un área con césped o un espacio verde cercano, que esté limpio, seguro y libre de desechos de animales, cristales rotos u objetos afilados.

Paso 3: Poco después del amanecer, mientras la hierba todavía está húmeda, dirígete al lugar que hayas elegido.

Paso 4: Quítate los zapatos y los calcetines y camina descalzo sobre la hierba cubierta de rocío durante cinco minutos. Ve cambiando la forma en que tus pies tocan la hierba. Ponte bien erguido y planta tus pies firmemente, consciente de cómo toda la superficie de tu pie entra en contacto con la hierba y la tierra. Luego camina por el área con normalidad durante un rato. También puedes intentar caminar de puntillas y luego sobre los talones.

¿Qué se consigue con este ejercicio?
Las superficies de tus pies están muy bien conectadas con diversas áreas del cerebro (consulta la página 94 para obtener más información sobre reflexología). Contienen muchos nervios y receptores sensoriales que recogen información sobre tu entorno. Caminar descalzo es una experiencia natural muy rica en estimulación sensorial. Caminar descalzo, sobre una superficie natural y, a veces, irregular, activa pequeños músculos y nervios en los pies y tobillos y envía aún más información a tu cerebro.

Ejercicio 15: Prueba y saborea algo nuevo

Paso 1: Piensa en los tipos de alimentos y platos que sueles comer.

Paso 2: Escribe una lista de alimentos que no forman parte de tu dieta habitual. Si necesitas ideas, consulta una guía gastronómica o una página web sobre alimentos o sobre cocina. Allí encontrarás reseñas y recomendaciones de restaurantes que cubren una amplia variedad de cocinas internacionales interesantes.

→

Ejercicio 15: Prueba y saborea algo nuevo

Paso 3: Elige un restaurante que sirva un tipo de cocina desconocida para ti y que te gustaría probar. La única precaución es que te asegures de que sea apropiado para ti, en términos de restricciones dietéticas, tolerancia al picante, etc. Si no tienes ese tipo de restaurantes cerca, puedes intentar cocinar una receta nueva y diferente en casa.

Paso 4: Ve al restaurante y disfruta de una comida diferente.

¿Qué se consigue con este ejercicio?
Los sentidos del gusto y el olfato son primarios y poderosos, pero a menudo se ven debilitados por la exposición a los mismos alimentos todos los días. Cuando cenas algo diferente, como un plato que contiene especias, sabores o ingredientes desconocidos, o que se cocina con una técnica diferente, asimilas una gran cantidad de información sensorial nueva.

Ejercicio 16: Ve al zoológico

Paso 1: Encuentra un parque zoológico en tu zona o cerca de tu localidad y planifica una visita.

Paso 2: Elige un día en el que no haya mucha gente en el zoológico. Evita los días con mucho público, como uno festivo o de acceso gratuito, pues pasarás más tiempo esperando que visitando todo lo que hay por ver.

Paso 3: ¡Explora! A medida que pasas de unos animales a otros, concéntrate en las nuevas vistas y sonidos que te rodean. ¿Hay diferentes olores? ¿Cómo son los hábitats de los animales? ¿Los animales parecen diferentes de cerca y en vivo, en comparación con lo que ves habitualmente en las imágenes?

¿Qué se consigue con este ejercicio?
Este ejercicio proporciona una experiencia viva y novedosa con múltiples estímulos sensoriales. Nuestras mentes y sentidos anhelan este tipo de información. Un zoológico ofrece la oportunidad de ver muchas especies diferentes en recintos que imitan sus hogares naturales. Y si bien es un entorno artificial mantenido por humanos, un zoológico te permite conectarte con los animales y la naturaleza.

Ejercicio 17: Experimenta el arte

Paso 1: Encuentra una galería de arte cerca de tu localidad.

Paso 2: Visita la galería en un día tranquilo cuando puedas explorar sin distracciones.

Paso 3: Si te resulta difícil concentrarte en las obras de arte en solitario, únete a un grupo dirigido por un guía experto. Recuerda: ¡fuera las manos! Este ejercicio sensorial es para los ojos, no para las manos.

¿Qué se consigue con este ejercicio?
Se trata de un recorrido sensorial visual en el que absorbes los colores, la geometría, la iluminación y otras técnicas que los artistas utilizan para comunicar ideas y sentimientos. El gran arte no se limita a mostrar experiencia técnica, sino que también es una forma de comunicación que estimula el área de entrada visual de tu cerebro.

Ejercicio 18: Vístete en la oscuridad

Paso 1: Elige la ropa que te vas a poner ese día y distribúyela cerca, por tu habitación. Debes conocer bien la habitación en la que te vas a vestir.

Paso 2: Ahora cierra los ojos y vístete. No eches un vistazo a menos que no puedas encontrar una prenda de vestir o si sientes que estás a punto de caer.

¿Qué se consigue con este ejercicio?
Al cerrar los ojos y vestirte, confías en el tacto y en tu sentido de la posición de las extremidades en el espacio, en lugar de depender de la información visual. Tus dedos son capaces de captar mucha información mientras te vistes y manipulas la ropa. La clave es reducir la velocidad y prestar mucha atención.

Precaución

No intentes este ejercicio si sufres problemas de equilibrio o tienes un mayor riesgo de caerte.

Ejercicio 19: El parque de atracciones

Paso 1: Busca un parque de atracciones que tenga un excelente historial de seguridad y una buena reputación. Este es un ejercicio divertido para probar cuando estás de vacaciones.

Paso 2: Elige cinco atracciones diferentes que ofrezcan una variedad de experiencias sensoriales. Pueden incluir música, diferentes movimientos, diferentes estructuras de vehículos o asientos, etc.

Paso 3: Móntate en ellas. A medida que las experimentes, intenta cerrar los ojos y luego mantenerlos abiertos. ¿El viaje se percibe diferente con los ojos cerrados? Intenta escuchar los sonidos de otras personas durante el viaje y compáralos con los que haces tú, si los hay.

¿Qué se consigue con este ejercicio?
Este es un tipo de ejercicio sensorial muy intenso, que estimula tu cerebro mediante sensaciones de movimiento, velocidad y rotación, así como mediante la percepción de imágenes y sonidos. Es posible que la montaña rusa y otras atracciones no sean para todos, pero pueden ser una poderosa alternativa a las adormecedoras rutinas sensoriales a las que confinamos nuestro cerebro en la vida cotidiana.

Precaución

Realiza este ejercicio según tu nivel de comodidad y hasta donde consideres. Evítalo por completo si tienes alguna restricción médica (como una afección cardiaca) que te impida montarte en las atracciones.

Ejercicios de aprendizaje motriz

El movimiento es esencial para nuestro desarrollo neurológico como bebés. Incluso en el útero, durante las primeras semanas del embarazo, ya somos muy activos. El movimiento no es solo la aplicación de una coreografía compleja de músculos y articulaciones, sino que también representa toda una sinfonía de actividad cerebral. Algunas células cerebrales son las encargadas de mover los músculos, mientras que otras amortiguan esas señales para evitar espasmos musculares o músculos demasiado rígidos.

El movimiento muscular aprendido y coordinado requiere la actuación del cerebelo, el cual, a medida que nos movemos, procesa mucha información sensorial. Constantemente nuestro cerebro está recibiendo información sobre dónde se encuentra nuestro cuerpo, sus extremidades, el tronco y la cabeza en un espacio tridimensional. De manera menos consciente, nuestros músculos deben coordinarse para saber cuándo relajarse y cuándo activarse. Con los ejercicios de movimiento no solo se ejercitan los músculos, ya que suponen también un gran trabajo para el cerebro. La sincronización del cerebro y el cuerpo es importante y requiere práctica.

¿Sabías que...?

Aprendizaje en el útero

En la undécima semana de gestación en el útero de la madre, el feto ya puede chuparse el dedo. ¡Algunos movimientos comienzan incluso antes!

Ejercicio 1: Gateo cruzado (1)

Paso 1: Ponte de pie, con los pies alineados con los hombros y los brazos pegados a los lados.

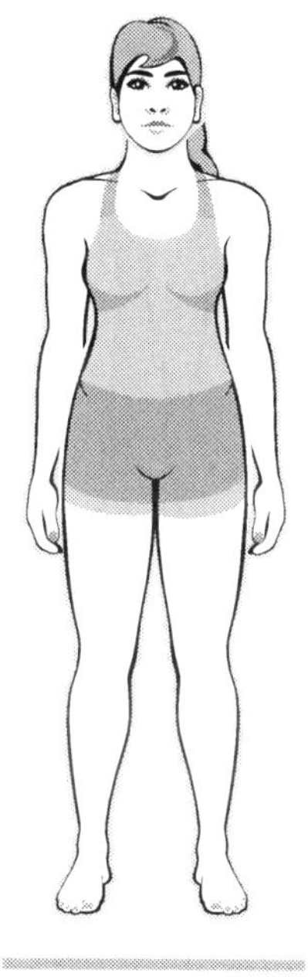

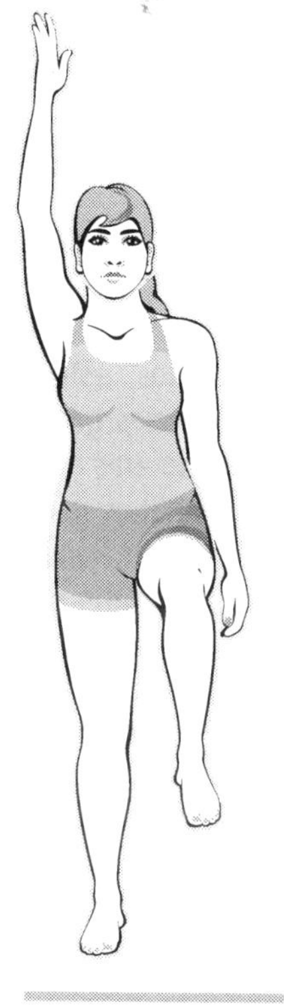

Paso 2: Simultáneamente, levanta el brazo derecho (por encima de la cabeza) y la pierna izquierda (dobla la rodilla y levántala lo más alto que puedas).

Paso 3: Mantén los músculos centrales tensos para sostener el cuerpo y mantener el equilibrio, y luego baja simultáneamente el brazo derecho y la pierna izquierda a la posición inicial. Justo cuando tu pie izquierdo regresa al suelo, repite el paso 2 pero con las extremidades opuestas (tu brazo izquierdo y tu pierna derecha se mueven a la vez).

→

Ejercicio 2: **Gateo cruzado (2)**

Paso 3: Baja simultáneamente la mano derecha y la rodilla izquierda a la posición inicial. Repite el paso 2 con las extremidades opuestas (brazo izquierdo y pierna derecha se mueven a la vez).

Paso 4: Haz 20 repeticiones (10 por cada lado) de los pasos 2 y 3.

¿Qué se consigue con este ejercicio?

Al igual que en el «Ejercicio 1: Gateo cruzado (1)», se trata de una llamada de atención para el sistema nervioso. Esta versión coloca tu cuerpo en una posición horizontal y es aún más similar al movimiento de gateo de cuando eras un bebé.

Precaución

Evita este ejercicio si tienes problemas en las rodillas o dificultad para agacharte o incorporarte; en ese caso, quédate con el «Ejercicio 1: Gateo cruzado (1)».

Ejercicio 3: Gateo cruzado (3)

Paso 1: Ponte a cuatro patas. Asegúrate de llevar ropa cómoda y de arrodillarte sobre una superficie que sea suave para las rodillas. Un espacio abierto con césped funciona bien, dada la distancia que necesitas recorrer.

Paso 2: Fija la vista en un objeto que se encuentre a unos 9 o 10 m de distancia. Pide a un ayudante que te controle el tiempo.

Paso 3: Gatea hacia el objeto, manteniendo tus ojos fijos en él.

Paso 4: Al llegar, gatea de vuelta hasta el lugar de inicio.

Paso 5: Repite los pasos 3 y 4 durante 3 minutos.

¿Qué se consigue con este ejercicio?
Como en los ejercicios de gateo anteriores, estás reviviendo las actividades de desarrollo que hacías cuando eras bebé. En esta actividad motriz y del sistema nervioso, tus ojos marcan el camino, lo que la hace casi idéntica a la experiencia de gatear de un bebé.

Precaución

Evita este ejercicio si tienes problemas en las rodillas o dificultad para agacharte o incorporarte; en ese caso, quédate con el «Ejercicio 1: Gateo cruzado (1)».

Ejercicio 4: Movimientos alternos

Paso 1: Siéntate cómodamente en una silla con las manos apoyadas en los muslos.

Paso 2: Gira la palma de la mano izquierda para que mire hacia arriba.

Paso 3: Mueve la mano derecha de modo que quede suspendida sobre la palma izquierda. Pide a un ayudante que te controle el tiempo.

Paso 4: Toca tu palma izquierda con tu palma derecha, luego gira rápidamente tu mano derecha y toca tu palma izquierda con el dorso de tu mano derecha. (Tu mano izquierda no se ha movido de su lugar en tu muslo.)

Paso 5: Repite el paso 4 durante 30 segundos, marcando un ritmo a medida que avanzas.

Paso 6: Repite los pasos del 1 al 5 en el lado opuesto. Tu mano derecha estará descansando, con la palma hacia arriba, sobre tu muslo, mientras tu mano izquierda golpea ligeramente.

¿Qué se consigue con este ejercicio?
En este ejercicio, trabajarás el área del cerebelo. Esta tarea requiere movimientos alternos coordinados. De hecho, los médicos utilizan este ejercicio y sus variaciones para evaluar el funcionamiento del cerebelo de sus pacientes.

Ejercicio 5: Conciencia muscular

Paso 1: Siéntate cómodamente en una silla con las manos apoyadas en tu regazo.

Paso 2: Cierra los ojos.

Paso 3: Visualiza tu bíceps derecho.

Paso 4: Contrae lentamente el bíceps derecho. Ténsalo, pero no dobles el brazo. Trata de dejar los músculos circundantes lo más relajados posible. Si concentras tu mente en el bíceps derecho, te resultará más fácil.

Paso 5: Mantén la tensión en el bíceps derecho durante 10 segundos.

Paso 6: Suelta lentamente.

Paso 7: Repite los pasos 3 a 6 con el bíceps izquierdo.

Paso 8: Repite los pasos 3 a 6 con el tríceps derecho.

Paso 9: Repite los pasos 3 a 6 con el tríceps izquierdo.

¿Qué se consigue con este ejercicio?
Cuando tensas cada músculo por separado, estás practicando el control mental sobre los músculos y aislando tus contracciones. Al mismo tiempo, mantienes los músculos circundantes lo más relajados posible. En nuestras rutinas diarias, a menudo activamos muchos músculos a la vez cuando no es necesario, sobre todo como parte de un patrón repetitivo. Este ejercicio de mover solo un músculo a la vez ayuda a restablecer los aspectos más finos del movimiento controlado frente al torpe reclutamiento de todo un grupo de músculos.

Ejercicio 6: **Talón punta**

Paso 1: Camina por una habitación sosteniéndote sobre los talones. Si no puedes mantener el equilibrio, separa más los pies para mejorar la estabilidad.

Paso 2: Date la vuelta y vuelve a cruzar la habitación, pero ahora caminando sobre los dedos de los pies.

Paso 3: Haz tres repeticiones de los pasos 1 y 2.

¿Qué se consigue con este ejercicio?
Este ejercicio te permite aislar diferentes grupos de músculos y probar la fuerza de algunos de los que sueles usar para caminar. Parcialmente, también es un ejercicio de equilibrio. Si padeces artritis o te falla el equilibrio, camina junto a una cama o un sofá al que puedas agarrarte, o evita este ejercicio por completo.

Ejercicio 7: **Aprende un nuevo estilo de natación**

Paso 1: Ve a una piscina y métete en el agua. Si no eres un buen nadador, puede que te sientas más cómodo en el extremo menos profundo.

Paso 2: Prueba a nadar en un estilo nuevo o que te resulte menos familiar. Por ejemplo, si normalmente nadas a crol, prueba el estilo de espalda.

Paso 3: Nada en este estilo hasta que estés cansado. Nunca lo hagas hasta el punto del agotamiento; asegúrate siempre de poder nadar hasta el borde de la piscina.

Paso 4: Cada vez que vayas a la piscina para hacer ejercicio, usa este estilo e intenta aumentar la duración de tu sesión.

Paso 5: Toma nota de cuánto tardas en conseguir que este nuevo estilo se convierta en un movimiento suave y coordinado en el que no tienes que pensar. ¿Cuánto tiempo ha tardado en convertirse en un movimiento natural?

¿Qué se consigue con este ejercicio?
Probar un nuevo estilo de natación (o uno menos familiar) hace que el cerebro aprenda un patrón de movimiento completamente nuevo. En el agua, es poco probable que se tuerza o se lastime una articulación, por lo que es un buen ejercicio de bajo impacto.

Ejercicio 8: Cambia tus rutinas

Paso 1: Elige una de tus rutinas diarias que puedas variar de forma segura. La mayoría de las actividades de higiene personal son una buena opción (pero no las asociadas con el cuidado de bebés y ancianos).

Paso 2: Cambia la secuencia de acciones que conforman tu rutina elegida. Por ejemplo, si normalmente te afeitas, te cepillas los dientes, usas hilo dental y luego te peinas, ahora puedes peinarte, afeitarte, usar hilo dental y luego cepillarte los dientes.

Paso 3: Repite la secuencia que elegiste en el paso 2 al día siguiente.

Paso 4: Cada día, sigue repitiendo tu rutina en la nueva secuencia hasta que la variación se convierta en una nueva rutina ligera.

Paso 5: Cambia la secuencia de tu rutina nuevamente, realizando los pasos en un orden nuevo y diferente. Repite la nueva secuencia todos los días hasta que la variación se convierta en otra rutina ligera.

¿Qué se consigue con este ejercicio?
Cambiar el orden en el que realizas tu higiene personal es una forma directa de hacer que el cerebro trabaje más y se vuelva más inteligente. Muchas rutinas diarias consisten en movimientos coreografiados que se han repetido miles de veces. Cuando repites las mismas secuencias sin variaciones a lo largo de la vida, pierdes una forma simple y efectiva de entrenar el cerebro para que establezca nuevas conexiones.

Ejercicio 9: ¿Arriba o abajo?

Paso 1: Siéntate cómodamente en una silla con las manos apoyadas en tu regazo.

Paso 2: Cierra los ojos.

Paso 3: Pídele a un ayudante que doble tu dedo gordo del pie hacia arriba o hacia abajo, luego dile en qué dirección está doblado. El ayudante te dirá si estás en lo cierto.

Paso 4: Repite el paso 3 con el dedo gordo del pie opuesto.

Paso 5: Si identificas erróneamente en qué dirección se dobla el dedo del pie en el paso 3 y/o 4, repite los pasos hasta que lo hayas identificado correctamente. Si después de tres intentos en cada lado aún no puedes saber en qué dirección apunta el dedo del pie, es probable que nunca puedas acceder a esta información sensorial en particular (consulta el cuadro a continuación).

¿Qué se consigue con este ejercicio?

En gran medida, este es un ejercicio sensorial que se centra en el tipo de información que necesitas para utilizar tus músculos correctamente. Este ejercicio puede parecer fácil, pero las personas que padecen diabetes u otras afecciones que adormecen los pies pueden encontrarlo todo un desafío.

¿Sabías que...?

Dedos del pie entumecidos

Cuando estés haciendo el «Ejercicio 9: ¿Arriba o abajo?», mantente centrado en las sensaciones que experimentas. Si descubres que no puedes sentir la posición de los dedos de los pies en este ejercicio, habla con tu médico de inmediato. La falta de sentido de la posición puede ser un signo de daño nervioso.

Ejercicio 10: Cambios rápidos

Paso 1: Pon la mano derecha detrás de la cabeza y toca tu hombro izquierdo una vez.

Paso 2: Con la mano izquierda, toca tu rodilla izquierda dos veces.

Paso 3: Si estás sentado, levántate. Con tu pie izquierdo toca la rodilla derecha, luego deslízalo por el interior de la pierna hasta el tobillo.

Paso 4: Pon ambos pies en el suelo, luego levanta la pierna derecha frente a ti, doblándola por la rodilla.

Paso 5: Pon ambos pies en el suelo, luego agáchate hasta el suelo.

Paso 6: Ponte de pie y da un salto.

Paso 7: Ponte de pie completamente erguido, como si una cuerda tirara de la parte superior de tu cabeza, y mira hacia delante.

Paso 8: Mete la barbilla hacia dentro, hasta tocar el pecho.

Paso 9: Mira hacia el techo.

Paso 10: Vuelve a ponerte erguido, pero en una postura más relajada.

Paso 11: Corre sin moverte del sitio durante 15 segundos.

¿Qué se consigue con este ejercicio?

Este ejercicio es simplemente una forma de hacer que tu sistema nervioso concilie la información sensorial de tus extremidades y tus ojos para que el cerebro, el sistema nervioso y los músculos se coordinen y presten atención. Al cambiar de un movimiento al siguiente en rápida sucesión, tu cerebro debe procesar la información sensorial y enviar órdenes a tus músculos con bastante rapidez. Si bien los ejercicios de meditación con propósito, como la natación y el taichí, son importantes en una planificación de actividades, los ejercicios rápidos como estos también son importantes y brindan una experiencia diferente a tu cerebro.

Ejercicio 11: ¡Danzad, danzad, malditos!

Paso 1: Visita una página web en la que puedas consultar instrucciones detalladas sobre pasos de baile específicos.

Paso 2: Elige un baile que no conozcas. (¡Asegúrate de que puedas hacerlo sin lastimarte!)

Paso 3: Estudia las instrucciones escritas cuidadosamente y visualízate haciendo esos movimientos.

Paso 4: Sigue los pasos, uno por uno, hasta que el patrón de movimiento tenga sentido.

Paso 5: Intenta seguir los pasos lentamente y en orden, hasta el final (consulta las instrucciones cuando sea necesario).

Paso 6: Sigue los pasos hasta el final, sin leer las instrucciones.

Paso 7: Haz cinco repeticiones del patrón de movimiento completo con la mayor fluidez posible. No descanses entre repeticiones.

¿Qué se consigue con este ejercicio?
Al intentar un nuevo baile, tu cerebro aprende un nuevo patrón de movimiento. Aquí están implicadas muchas partes del cerebro: la parte que inicia el movimiento, la parte que ayuda a afinarlo y la parte que lo coordina. Además, ¡este ejercicio podría potenciar incluso tu vida social!

Ejercicio 12: Cocina algo nuevo

Paso 1: Consulta un libro de cocina (pueden ser las recetas de este libro) o una página web y elige una técnica de cocina que nunca hayas probado. Podría ser algo complicado como deshuesar un pavo o algo simple como rellenar una berenjena. Elige una técnica que requiera destreza manual e implique una serie de pasos. Asegúrate de que sea factible (es posible que no desees intentar técnicas de corte sofisticadas si no tienes buenas habilidades básicas con el cuchillo o un agarre firme).

Paso 2: Trabaja la técnica siguiendo las instrucciones. Antes de realizar cada nuevo paso (por ejemplo, mezclar dos ingredientes), visualiza cómo lo vas a hacer.

Paso 3: Selecciona otras técnicas que puedas probar. Practícalas con las deliciosas recetas para estimular el cerebro que comienzan en la página 216. Hay innumerables opciones para cocinar y disfrutar.

¿Qué se consigue con este ejercicio?
Realizar una tarea física desconocida, especialmente una que implique cierta coordinación mano-ojo, hace que tu cerebro requiera el uso de los músculos que están bajo el control de la corteza frontal (para seguir las instrucciones) y la corteza prefrontal (para planificar con anticipación). La textura y el aroma de la comida también son agradables y estimulantes.

Ejercicio 13: Prueba el yoga

Paso 1: Aprende un poco sobre las posturas de yoga. Puedes buscar en un libro o en vídeos de internet (por ejemplo, en https://yogainternational.com o en YouTube).

Paso 2: Elige una postura que puedas hacer cómodamente, una que no fuerce tu cuerpo. Debe ser apropiada para tu condición física y tu nivel de flexibilidad.

Paso 3: Estudiando las instrucciones escritas o habladas, lleva a cabo la postura (observa bien las posiciones específicas de las manos, pies, tronco, cabeza, etc.).

Paso 4: Cuando hayas interiorizado la posición correcta de las distintas partes del cuerpo, intenta realizar cuidadosamente la posición de yoga al completo.

Precaución

No te provoques dolor ni te fuerces en la realización del ejercicio si no entiendes la postura y el movimiento. Una sesión individual con un buen profesor de yoga, que te explique la posición, te ayudará a realizar el ejercicio sin forzarte.

¿Qué se consigue con este ejercicio?

El yoga es una forma de ejercicio muy especial que enfoca la mente y la respiración y estimula el cerebro. Investigaciones recientes han demostrado que la materia gris del cerebro (donde se encuentran las células involucradas en el procesamiento de la información) aumenta en los practicantes habituales de yoga. Al desarrollar esta área, mejoran aquellas partes del cerebro que «mapean» el cuerpo y que contienen el conocimiento de otras partes del cuerpo y su ubicación en el espacio. ¡Ese mapeo puede aumentar el crecimiento de las células cerebrales!

¿Sabías que...?

No te estreses con el yoga

El yoga suele ser relajante, pero puede llevar años de práctica alcanzar un alto nivel de habilidad. Cuando estés comenzando, ten cuidado y evita estresar excesivamente tus articulaciones o tus músculos. Tomarse el tiempo necesario para encontrar un instructor de yoga cualificado y bien informado es una buena inversión que te ayudará a disfrutar y a beneficiarte de esta práctica de mente y cuerpo.

Ejercicio 14: Observa tu respiración

Paso 1: Siéntate en un lugar cómodo y tranquilo y relájate.

Paso 2: Toma conciencia de tu respiración.

Paso 3: Coloca una mano sobre el abdomen.

Paso 4: Respira lentamente con el abdomen, hinchando el diafragma (el músculo que hay bajo los pulmones que impulsa el aire hacia fuera y lo aspira). Esto empujará tu mano hacia fuera.

Paso 5: Exhala lentamente y observa cómo tu mano vuelve a hundirse. Con cada inhalación y exhalación, visualiza tu diafragma trabajando duro.

Paso 6: Repite cinco veces los pasos 2 a 5.

¿Qué se consigue con este ejercicio?

Este ejercicio te ayuda a concentrarte en el músculo del diafragma, a menudo infrautilizado. La mala postura y el hecho de estar sentados durante periodos prolongados nos obligan a respirar de forma superficial, en lo alto del pecho. La respiración profunda es una forma mejor y más saludable de inhalar lo que necesitas y exhalar lo que no. También ayuda a activar los músculos centrales. Respirar profundamente con el diafragma proporciona mucho oxígeno al torrente sanguíneo, algo que es de vital importancia para un cerebro sano.

Ejercicio 15: Come con palillos chinos

Paso 1: Ve a una tienda de artículos de cocina y compra varios juegos de palillos.

Paso 2: Busca información sobre cómo usar los palillos. En internet hay muchos tutoriales que enseñan cómo agarrar y manipular los palillos correctamente.

Paso 3: Levanta y usa tus palillos en el aire, practicando los movimientos adecuados de agarre y pellizco.

Paso 4: A medida que el movimiento se vaya haciendo más fácil y natural, practica el uso de los palillos para pinzar trozos de comida más grandes. Unas albóndigas pequeñas o unos trozos de brócoli o de salmón pueden ser un buen (y delicioso) modo de comenzar.

Paso 5: Según vayas mejorando, practica el uso de los palillos para pinzar alimentos más pequeños, como guisantes o arroz.

¿Qué se consigue con este ejercicio?
Aprender a usar los palillos con éxito es un tipo de entrenamiento continuo y con propósito que ejercita las habilidades motrices. Tampoco hay que olvidar la importancia de disfrutar de aromas y sabores interesantes mientras se practica.

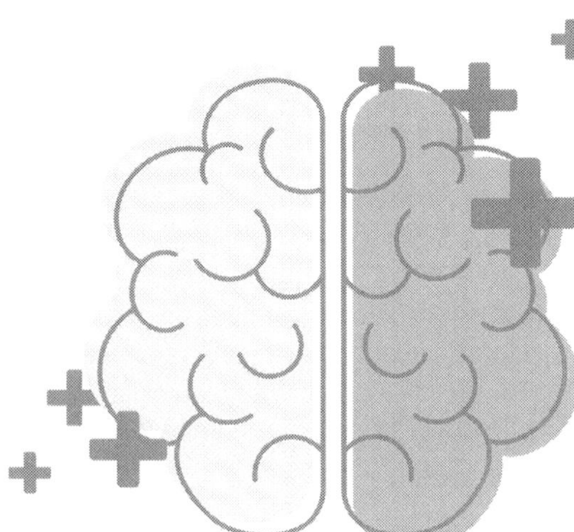

Ejercicio 16: Practica taichí

Paso 1: Aprende un poco sobre esta antigua arte marcial. El taichí es una forma antigua de ejercicio físico y respiratorio que también conlleva la práctica meditativa. Está estrechamente relacionado con la medicina tradicional china (MTC) e implica patrones de movimiento suaves que no ejercen presión sobre las articulaciones ni el corazón. En la medicina tradicional china, el objetivo es equilibrar las energías del cuerpo y armonizar a la persona tanto con el mundo interno como con el natural.

Paso 2: Busca un centro o gimnasio en tu población que ofrezca clases de taichí para principiantes.

Paso 3: Habla con el profesor sobre cualquier necesidad específica que puedas tener y que te cuente que se hará en cada clase.

Paso 4: Acude a clase y practica los movimientos.

¿Qué se consigue con este ejercicio?

El taichí es conocido por aumentar la sensación de bienestar en sus practicantes. Está recomendado para personas de todas las edades, pero las personas mayores se benefician especialmente porque promueve una mayor libertad de movimiento y respiración. Algunas investigaciones científicas sobre el taichí afirman que mejora la memoria y la neuroplasticidad (consulta la página 31). Lo que tiene mucho sentido, porque el movimiento estimula el crecimiento del cerebro, y el taichí trabaja mucho con el movimiento.

Ejercicio 17: Aprende a coser

Paso 1: Busca a alguien que pueda darte clases de costura, como un familiar con experiencia o un profesor en una tienda de telas o un taller de manualidades. Si no puedes recibir clases presenciales, hay libros o vídeos en internet que pueden enseñarte los conceptos básicos.

Paso 2: Elige un patrón y reúne los materiales que necesites. El proyecto debe ser desafiante pero no demasiado complejo. Que sea divertido.

Paso 3: Con la ayuda de tu profesor, sigue el patrón y finaliza el proyecto.

¿Qué se consigue con este ejercicio?
La costura es fantástica para desarrollar el control de la motricidad y la coordinación ojo-mano. Coordinar lo que se ve y se siente requiere que tu cerebro afine y realice pequeños movimientos. Enhebrar una aguja es particularmente desafiante para el cerebro (y las manos), porque requiere un control muscular muy preciso. Coser no es una actividad diaria para la mayoría de las personas, como lo era antes, pero todavía quedan algunas costureras y costureros. Además de ser un pasatiempo divertido, coser une a generaciones y es económico. ¡No más gastos en remiendos!

¿Sabías que...?

Tu cerebro cuando tejes

Una forma de fortalecer las áreas sensoriales de tu cerebro es empezar a tejer como pasatiempo. Tejer requiere información sensorial de tus manos y ojos, pero también permite que esa actividad sensorial guíe la actividad muscular de tus manos. Además, puedes darle uso a lo que hagas y tener la satisfacción de crear algo hermoso.

Ejercicio 18: Prueba el pilates

Paso 1: Busca información sobre el pilates, ya sea leyendo sobre el tema o hablando con un profesor. El pilates implica un uso muy deliberado de la posición del cuerpo, la velocidad y la fuerza en ejercicios que fortalecen el centro del cuerpo (el core), que se concentra alrededor de los músculos abdominales. Este increíble sistema de ejercicios fue creado por Joseph Pilates en las primeras décadas del siglo XX.

Paso 2: Asiste a una clase de nivel inicial impartida por un profesor certificado de pilates (consulta el recuadro a continuación). Puedes participar en una clase grupal o recibir una sesión individual.

¿Qué se consigue con este ejercicio?
El pilates es un método de fortalecimiento increíble, aunque ofrece mucho más, ya que estimula la conciencia mental del movimiento y te asegura que tengas un core fuerte que sostenga otros músculos. A medida que nos hacemos mayores, tendemos a descuidar nuestros músculos centrales (todo el día sentados en el trabajo, en casa o en el coche) y perdemos la capacidad de integrar el movimiento como lo hacíamos cuando éramos niños. También descuidamos el core cuando nos centramos demasiado en ejercicios cardiovasculares.

¿Sabías que...?

Profesores cualificados

Cuando un profesor no cualificado de pilates, yoga u otra disciplina de cuerpo y mente carece de experiencia o de comprensión de la anatomía humana, se pueden producir lesiones. Los profesores bien cualificados se han tomado el tiempo de estudiar y afinar los movimientos que enseñan a sus alumnos. En cualquier caso, nunca dejes que un profesor te lleve más allá de lo que parece correcto o cómodo.

Ejercicio 19: Postura perfecta

Paso 1: Ponte frente a un espejo de cuerpo entero. Si dispones de un espejo de tres direcciones es mejor porque puedes ver varios ángulos a la vez (como en el cambiador de una tienda de ropa).

Paso 2: Examina tu postura. ¿Tus hombros caen hacia delante? ¿Está tu cabeza adelantada mientras tu barbilla apunta hacia arriba? ¿Tu espalda está demasiado arqueada? Ten en cuenta que el cuerpo humano no es lineal, tiene curvas naturales y normales, como la curva en S de la columna vertebral. Esto significa que una espalda de estilo militar y recta como una tabla de madera no es señal de una buena postura.

Paso 3: Planta los pies firmemente en el suelo, separados por un palmo aproximadamente.

Paso 4: Coloca las manos sobre el sacro, el hueso triangular de la parte baja de la espalda que se encuentra justo encima del coxis. Por lo general, comienza alrededor de las esquinas de los bolsillos traseros de tus tejanos.

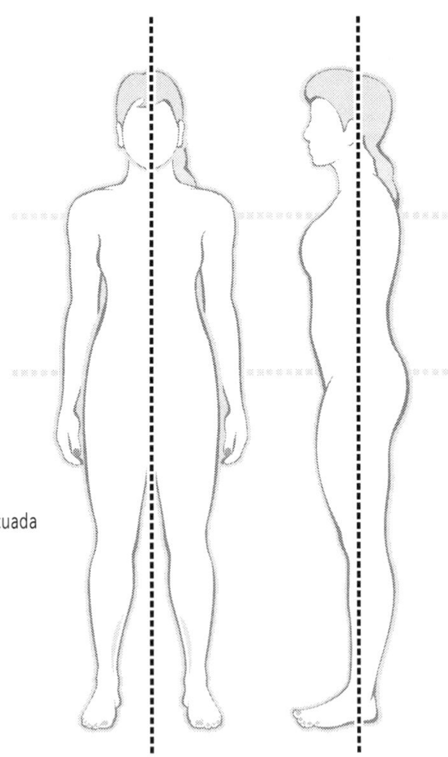

Postura adecuada

→

Intenta sentir toda esta zona mientras estás de pie. ¿Está tu sacro comprimido debajo de tu cuerpo? ¿Está la parte inferior del hueso inclinada hacia la parte delantera de tu cuerpo? Esto puede hacer que tus hombros se curven y que adoptes una mala postura.

Paso 5: Presiona suavemente el sacro hacia atrás para que apunte más hacia la parte posterior de tu cuerpo. Una sección importante del hueso debe presionar contra tu mano en esta posición, de modo que sientas que la curva normal regresa a la parte inferior de la columna.

Paso 6: Ahora que tienes una base sólida, respira hondo. Exhala.

Paso 7: Cuadra tus hombros. Muévelos un poco hacia atrás, pero no demasiado.

Paso 8: Mete la barbilla ligeramente hacia dentro, sin sentir ninguna opresión alrededor de la garganta. Asiente muy levemente.

Paso 9: Mueve la cabeza un poco hacia atrás para que su peso descanse uniformemente sobre los hombros, que están alineados con tu espalda. En este punto, podría ser útil imaginarse una cuerda en la parte superior de la cabeza tirando hacia arriba, mientras el suelo tira de tus pies hacia abajo.

Paso 10: Haz otra respiración profunda y exhala.

¿Qué se consigue con este ejercicio?

La gravedad, las malas posturas, las sillas mal diseñadas, los colchones en mal estado y el envejecimiento pueden hacer mella en nuestra postura a lo largo de los años. Este ejercicio ayuda a restaurar la estructura y función normales de tu cuerpo, alineándote para que todo el cuerpo se mueva de manera más eficiente. Esto permite que tu cerebro controle suavemente el movimiento y que las articulaciones y los músculos funcionen para lo que fueron diseñados.

Precaución

Si has sufrido alguna cirugía o lesiones, o no puedes corregir tu postura, asegúrate de revisar este ejercicio con tu médico antes de intentarlo. Es posible que también desees revisar tu postura con un médico, un quiropráctico, un fisioterapeuta o un osteópata. Los especialistas en técnica Alexander también son muy buenos para la corrección postural.

Ejercicios para incrementar la memoria

La memoria es esencial para nuestras vidas, aunque todavía estamos aprendiendo cómo funciona. Sin duda, los ejercicios de memorización pueden resultar muy beneficiosos para nuestra salud mental, al igual que el desarrollo de mejores estrategias para la memorización, como ofrecerle al cerebro pistas y ayudas en las que confiar para reforzar nuestra memoria.

Ejercicio 1: Escoge una carta

Paso 1: Abre una baraja de 52 cartas y barájala.

Paso 2: Reparte tres cartas boca abajo.

Paso 3: Toma cada carta, mírala y vuelve a ponerla boca abajo.

Paso 4: Espera 10 segundos.

Paso 5: Nombra las tres cartas en voz alta.

Paso 6: Da la vuelta a las cartas y mira si es correcto.

Paso 7: Repite los pasos 1 a 6, aumentando el tiempo de espera en el paso 4 a 20 segundos.

¿Qué se consigue con este ejercicio?

En esta actividad estás probando tu memoria a corto plazo. Al esperar 10 o 20 segundos antes de nombrar las cartas, mueves una imagen (y el reconocimiento de lo que significa) de tu memoria sensorial a tu memoria de trabajo.

Ejercicio 2: Tus 5 favoritos

Paso 1: Elige un tema que te interese o sea importante para ti, con elementos que puedas clasificar. Puedes intentar enumerar tus 5 actores favoritos, tus 5 restaurantes preferidos o tus 5 personajes históricos más admirados.

Paso 2: Crea una lista de los 5 principales elementos de tu tema elegido.

Paso 3: Escribe la lista y memorízala.

1. ____
2. ____
3. ____
4. ____
5. ____

Paso 4: Guarda la lista y no la mires durante 24 horas.

Paso 5: Al día siguiente, intenta recordar la lista de tus 5 favoritos. Verifícalo en la lista escrita: ¿recuerdas todos los elementos que anotaste?

¿Qué se consigue con este ejercicio?
Se trata de un ejercicio para desarrollar la memoria, especialmente la relacionada con la conversión de la de corto a largo plazo. Puedes crear muchas listas de tus 5 favoritos que te ayudarán a recordar hechos importantes. Cinco es un número pequeño y fácil de administrar para la memoria. Para seguir potenciando tu memoria, repite este ejercicio todos los días, con una nueva lista cada jornada. Mantén una lista actualizada de los temas de tus listas de los 5 favoritos y comprueba lo bien que los recuerdas todos.

Ejercicio 3: Reconstruir el día

Paso 1: Al final del día, relájate en un lugar tranquilo. Debes estar tranquilo y no demasiado cansado.

Paso 2: Piensa en lo que has hecho durante el día.

Paso 3: Identifica los principales eventos y los momentos del día en que tuvieron lugar. ¿Dónde fuiste? ¿Qué cosas importantes sucedieron? ¿Con qué acontecimientos tienes una fuerte conexión emocional? ¿A qué actividad le dedicaste mucho tiempo?

Paso 4: Pon estos acontecimientos en secuencia (lo ideal es que lo hagas mentalmente, pero puedes escribir una lista si lo necesitas).

Paso 5: Repite la lista para ti mismo, enumerando cada acontecimiento en el orden cronológico correcto. Puedes hacerlo en silencio o en voz alta.

¿Qué se consigue con este ejercicio?
Además de un ejercicio de memoria, también es una herramienta que te ayudará a ordenar los elementos de una lista. Poner en orden los acontecimientos del día mentalmente te ayuda a recordar secuencias, al igual que organizar un armario te ayuda a recordar dónde encontrar la ropa que contiene. Este ejercicio ayudará a tu cerebro a transferir información de la memoria a corto plazo a la memoria a largo plazo, un proceso que implica a muchas regiones del cerebro, pero particularmente al hipocampo (la estructura responsable de la creación de recuerdos a largo plazo).

¿Sabías que...?

Memoria a corto plazo frente a memoria sensorial

La memoria a corto plazo es realmente muy corta, solo unos segundos, pero aún lo es más la huella que deja en nuestro cerebro la información sensorial, también llamada memoria sensorial (es algo así como seguir viendo una luz fuerte durante una fracción de segundo después de apagar el interruptor; así de poco dura).

Ejercicio 4: Memoriza un lugar nuevo

Paso 1: Ve a un lugar desconocido, como pueda ser un barrio de tu ciudad que nunca has visitado, una ciudad vecina o un nuevo centro comercial.

Paso 2: Camina por este nuevo lugar. Mientras lo observas, crea una historia sobre la experiencia. Por ejemplo, si has ido al centro comercial, repítete a ti mismo que no estás simplemente paseando sin rumbo, sino que estás buscando algo (quizás unos zapatos nuevos).

Paso 3: Descríbete los lugares que vas visitando y las personas interesantes que has conocido o que te has cruzado en este paseo. Concéntrate en los detalles importantes.

Paso 4: Vuelve a contar esta historia a un amigo o familiar, incluidos todos los detalles importantes que anotaste.

¿Qué se consigue con este ejercicio?
El uso de esta técnica narrativa te ayuda a memorizar nuevas experiencias y lugares de forma más eficaz. Te permite colocar tus recuerdos en un marco que se pueda recordar en otro momento.

¿Sabías que...?

El drama ayuda a la memoria

Las personas a menudo recuerdan mejor escenas de una película si estas tenían un buen nivel dramático. Hacer ejercicios que conlleven crear una historia en torno a una actividad te ayuda a recordar detalles dentro del contexto de la historia. Al parecer, el cerebro prefiere capturar experiencias importantes de esta manera.

Ejercicio 5: Memorizar una tarea

Paso 1: Elige una nueva tarea que desees aprender a hacer. Puede ser reparar algo en casa, hacer un proyecto de manualidades o crear algo artístico.

Paso 2: Aprende los pasos necesarios para la realización de esta nueva tarea. Sigue las instrucciones escritas, mira un vídeo o pídele a un amigo que te enseñe cómo hacerlo.

Paso 3: Piensa en los pasos necesarios para la tarea, pero sin llevarlos a cabo.

Paso 4: Ejecuta los pasos y ve superando las etapas del proyecto hasta que lo hayas terminado. Mientras trabajas, describe cada parte del proceso.

Paso 5: Describe esta nueva tarea a un amigo o familiar, incluidos todos los detalles que puedas recordar.

¿Qué se consigue con este ejercicio? Este ejercicio se basa en la técnica de memoria narrativa trabajada en el «Ejercicio 4: Memoriza un lugar nuevo». El cerebro construye recuerdos con más éxito cuando la información se nos repite o cuando se la transmitimos a otra persona. Esta es la razón por la que los estudiantes a menudo descubren que recuerdan mejor la lección cuando forman grupos de estudio y se «enseñan» los unos a los otros.

Ejercicio 6: Comprar de memoria

Paso 1: Haz una lista de 20 alimentos que necesites comprar. Incluye algunos que no compres habitualmente o no todas las semanas y algunos que te ofrezcan posibilidades distintas (como «fruta», que incluye comprar plátanos, naranjas...).

Paso 2: Revisa tu lista de forma minuciosa, luego guárdala para que no puedas consultarla.

Paso 3: En las siguientes dos a seis horas, haz tus compras sin consultar la lista.

Paso 4: Vete a casa, saca la lista y compárala con lo que has comprado. ¿Está todo lo que había en la lista?

¿Qué se consigue con este ejercicio? Este ejercicio es una forma de practicar la transformación de recuerdos a corto plazo en recuerdos a largo plazo. Ese proceso puede requerir repetición y tiempo, pero sabemos que los cambios estructurales en el cerebro pueden darse en los primeros minutos y horas después de escuchar o aprender algo nuevo. Puedes modificar este ejercicio para hacértelo más interesante. Intenta ordenar tu lista por secciones (como productos de limpieza, panadería, lácteos, etc.) y memoriza lo que se encuentra en cada sección. O espera un día completo después de guardar tu lista: demorar la actividad la hace un poco más difícil.

Ejercicio 7: Memoriza nuevos países

Paso 1: Toma tu viejo atlas de la estantería o busca algunos mapas en internet.

Paso 2: Elige 10 países pertenecientes a continentes en los que no habites.

Paso 3: Escribe tu lista de países y su respectivo continente.

1. ______________________ ______________________
2. ______________________ ______________________
3. ______________________ ______________________
4. ______________________ ______________________
5. ______________________ ______________________
6. ______________________ ______________________
7. ______________________ ______________________
8. ______________________ ______________________
9. ______________________ ______________________
10. ______________________ ______________________

Paso 4: Revisa la lista cuidadosamente, al menos tres veces, mirando los nombres y escuchándote (en voz alta o mentalmente) decir los nombres de los países y su continente. Guárdala para que no puedas consultarla y espera 24 horas.

Paso 5: Al día siguiente, intenta escribir tu lista sin consultarla ni utilizar otras ayudas.

Paso 6: Saca la lista original y compárala con la que acabas de escribir. ¿Cuántos países has podido recordar?

¿Qué se consigue con este ejercicio?

Este ejercicio de memoria ejercita los sistemas de aprendizaje del cerebro que toman información declarativa (como decir algo) y la codifican en tu memoria a largo plazo. Hasta cierto punto, se forman nuevas sinapsis (las conexiones químicas entre las células del cerebro) para fortalecer la memoria.

Ejercicio 8: Memoriza 10 capitales mundiales

Paso 1: Consigue un atlas del mundo o busca en internet una lista de capitales mundiales.

Paso 2: Elige 10 países con capitales que no te resulten familiares.

Paso 3: Escribe tu lista de países y sus capitales.

1. ______________________ ______________________
2. ______________________ ______________________
3. ______________________ ______________________
4. ______________________ ______________________
5. ______________________ ______________________
6. ______________________ ______________________
7. ______________________ ______________________
8. ______________________ ______________________
9. ______________________ ______________________
10. ______________________ ______________________

Paso 4: Revisa la lista cuidadosamente, al menos tres veces, mirando los nombres y escuchándote (en voz alta o mentalmente) decir los nombres de las ciudades. Guarda la lista para que no puedas consultarla y espera 24 horas.

Paso 5: Al día siguiente, intenta escribir tu lista sin consultarla ni utilizar otras ayudas.

Paso 6: Saca la lista original y compárala con la que acabas de escribir. ¿Cuántas capitales has acertado?

¿Qué se consigue con este ejercicio?
Al igual que el «Ejercicio 7: Memoriza nuevos países», es una actividad que requiere procesar información desconocida y memorizarla a largo plazo.

Ejercicio 9: Asociación de nombres

Paso 1: Prueba este ejercicio la próxima vez que conozcas a alguien nuevo. Debería ser alguien a quien seguramente te volverás a encontrar. Después de escuchar el nombre de la persona por primera vez, utilízalo de inmediato. Podrías decir: «Es un placer conocerte, Lucía» o «¿Vienes a menudo a esta cafetería, Carlos?».

Paso 2: Crea una asociación que te ayude a memorizar su nombre. Puedes conectar el nombre y la cara de este nuevo conocido con otra persona que conozcas o pensar en una palabra que rime con su nombre. También puedes asociar su nombre con alguna particularidad suya (como «Ana la vegana»).

Paso 3: La próxima vez que veas a esta persona, intenta recordar la asociación que creaste. Saluda a la persona por su nombre. Si lo has olvidado, pregúntaselo de nuevo y repite los pasos 1 a 3.

¿Qué se consigue con este ejercicio?

Esta actividad utiliza una técnica muy útil para reforzar la memoria. Al crear asociaciones mentales, contribuyes a instalar una pieza de información verbal (el nombre) en tu memoria a largo plazo. Esto crea conexiones que te ayudarán a recuperar la información en una fecha posterior.

Ejercicio 10: Crea un recurso mnemotécnico

Paso 1: Piensa en una lista que quieras recordar. Pueden ser los nombres de las personas de un grupo o los ingredientes de una receta.

Paso 2: Escribe los nombres o ingredientes y anota la primera letra de cada palabra.

Paso 3: Intenta crear una palabra con estas letras. Si lo consigues, habrás creado un recurso mnemotécnico. Si no puedes formar una palabra con todas las letras, intenta sustituir algún elemento por otro de los nombres de tu lista para ayudarte a crear una palabra fácil de recordar.

Paso 4: Varias veces durante los próximos días, recupera el recurso mnemotécnico en voz alta.

Paso 5: Escribe una nota en tu calendario para revisarlo dentro de una semana.

Paso 6: Cuando haya pasado la semana, comprueba si puedes usar el recurso mnemotécnico para recordar la lista de nombres o ingredientes.

¿Qué se consigue con este ejercicio?

Los recursos mnemotécnicos te ayudan a almacenar información en tu memoria a largo plazo. Son útiles para las personas que tienen problemas para retener listas de información nueva. Cuando un recurso mnemotécnico está bien elaborado, generalmente el cerebro puede recordar, decodificar y expandir la palabra para recrear la lista de cosas que estás tratando de recordar. Con ello, estás «fragmentando» la información en partes más manejables y usando imágenes de algún tipo (sin duda un aspecto muy interesante de la mnemotécnica) para crear asociaciones perennes.

¿Sabías que...?

Recursos mnemotécnicos famosos

Los recursos mnemotécnicos son herramientas para la memoria de uso común. Implican, por ejemplo, memorizar una palabra formada por las primeras letras de los elementos de una lista; por ejemplo, Van Riva, que suena como el nombre de alguien, es un recurso mnemónico útil que te ayuda a recordar los colores del arco iris (verde, amarillo, naranja, rojo, índigo, violeta, azul). Otro recurso mnemotécnico famoso es «La BBC NO FuncioNa», que te ayuda a recordar la segunda fila de la tabla periódica de los elementos (litio, berilio, boro, carbono, nitrógeno, oxígeno, flúor, neón).

Ejercicio 11: Sigue un mapa mental

Paso 1: Elige un destino en una parte menos conocida de tu ciudad o de una cercana. Elige un lugar que no sea tan remoto como para perderte o donde sería estresante estar desorientado (en otras palabras, no elijas un lugar en el centro de la ciudad, ya que estará muy concurrido).

Paso 2: Piensa en el recorrido que tendrías que seguir para llegar a ese destino. (El recorrido debe poder hacerse a pie y en coche.)

Paso 3: Visualiza la calle donde comienza tu viaje, y luego el primer giro que realizarás. ¿Qué puntos de referencia verás en el camino? ¿Qué calles están en la intersección donde harás ese primer giro?

Paso 4: Continúa construyendo mentalmente tu mapa de esta manera, paso a paso. Detente después de cuatro o cinco giros, ya es suficiente.

Paso 5: Conduce hasta tu destino, siguiendo tu mapa mental. No te frustres si no das en el blanco. Detente en un lugar seguro y mira un mapa o un dispositivo GPS. ¿Has estado cerca?

¿Qué se consigue con este ejercicio?

Este ejercicio proporciona un entrenamiento para tu memoria a largo plazo, pues te obliga a recordar información que ya conoces sobre la geografía local y a recordar tus propias direcciones mentales. También implica a tu inteligencia visual-espacial.

Ejercicio 12: Estar alerta

Paso 1: Ve a un lugar completamente nuevo, como una tienda o restaurante que acaben de abrir.

Paso 2: Observa los detalles del entorno. ¿Qué hace el personal? ¿Dónde elaboran y guardan sus productos? ¿A dónde van los clientes para ser atendidos? ¿Qué aspecto tiene la decoración? ¿Cuál es el diseño del espacio?

Paso 3: Vuelve a casa. Una hora después, escribe todos tus recuerdos de ese nuevo lugar.

Paso 4: Regresa de nuevo al lugar con la relación en la mano y revísala. ¿Anotaste los detalles correctamente? ¿Cuántas cosas ves que te has dejado?

¿Qué se consigue con este ejercicio?

Cuando practicas la conciencia situacional, como en este ejercicio, aumentas tus poderes de observación y la capacidad de tu memoria para codificar los detalles de lo que sucede a tu alrededor. Practicar esta habilidad a baja intensidad puede ayudarte a captar más detalles de tu entorno, así como a recordar mejor lugares y eventos.

¿Sabías que...?

Conciencia situacional

El hecho de realizar tareas automáticas en nuestros hogares, en nuestros automóviles, en el trabajo y en el mundo en general puede estar disminuyendo crónicamente nuestra conciencia situacional. Puedes escuchar una breve charla sobre este tema en: https://www.youtube.com/watch?v=mCWz-LPu86Y

Ejercicio 13: Memoriza direcciones de correo electrónico

Paso 1: Revisa tu bandeja de entrada de correo electrónico o tu lista de contactos.

Paso 2: Elige una dirección de correo electrónico (una que te resulte útil recordar, por ejemplo). Memoriza esta dirección.

Paso 3: Todos los días durante la próxima semana, recuerda la dirección de correo electrónico que memorizaste el día anterior, luego repite el paso 2 con una nueva dirección.

Paso 4: Al final de la semana, recuerda las 7 direcciones de correo electrónico que has memorizado.

¿Qué se consigue con este ejercicio?

Este ejercicio se centra en tu capacidad de recordar. El uso de direcciones de correo electrónico personales lo hace más desafiante, porque la mayoría de los correos electrónicos corporativos a menudo tienen una nomenclatura simple, como la inicial más el apellido, que no requieren memorizar mucho. (Nota: Si no usas el correo electrónico, puedes sustituirlo por números de teléfono.)

Ejercicio 14: Nombra 10 alimentos

Paso 1: Utiliza un diccionario (ya sea impreso o en internet) para buscar 10 alimentos diferentes en un idioma que no hables.

Paso 2: Haz una lista con estas palabras y sus traducciones: palabras originales en una columna y traducciones en la otra.

1. __________ __________
2. __________ __________
3. __________ __________
4. __________ __________
5. __________ __________
6. __________ __________
7. __________ __________
8. __________ __________
9. __________ __________
10. __________ __________

Paso 3: Lee tu lista todos los días durante tres días. Trata de usar las palabras en tu día a día: cuando cocines o comas estos alimentos, o los veas en el supermercado, nómbralos en el nuevo idioma.

Paso 4: Pasados unos días, cubre el lado de la lista correspondiente a las palabras en tu idioma y trata de recordar la traducción de cada alimento.

¿Qué se consigue con este ejercicio?

Algunos recuerdos se crean ampliando o añadiendo nuevos significados a los antiguos. Este ejercicio hace precisamente eso: te ayuda a incorporar nuevos recuerdos a la vida cotidiana y añade una nueva palabra a una existente que ya tiene significado para ti.

Ejercicio 15: Resumen de una serie

Paso 1: Mira un capítulo de una serie de televisión que no hayas visto antes.

Paso 2: Una vez termines de verlo, tómate un descanso de una hora.

Paso 3: Escribe una sinopsis de la trama del capítulo. Describe los sucesos principales en 12 puntos como mínimo y 15 como máximo. Guarda tu sinopsis y espera 24 horas.

Paso 4: Al día siguiente, repasa mentalmente la trama del capítulo y tu sinopsis.

Paso 5: Saca tu sinopsis escrita y léela de nuevo. ¿Eran precisos tus recuerdos?

Paso 6: Mira el capítulo nuevamente. ¿Te dejaste algo importante?

¿Qué se consigue con este ejercicio?
Esta actividad anima a tu cerebro a recordar elementos prioritarios en un contexto dramático. Cuando asignas importancia a eventos o ideas, tu cerebro los registra como importantes. El acto de revisar tu sinopsis escrita y compararla con tus recuerdos, y luego compararla con la serie real, es una excelente manera de medir la calidad y precisión de tus recuerdos.

PARTE 3

Ejercicios de higiene cerebral

Ejercicios para dormir y descansar

Aunque el cerebro nunca está del todo en reposo, necesita un periodo diario de consolidación y autorreparación para funcionar. Si no puedes dormir, tu cerebro dejará de funcionar correctamente. Según las estadísticas del sueño, en general dormimos cerca de una hora menos de lo que se necesita para una salud óptima, en algunos casos incluso menos. Los trabajos por turnos, el uso nocturno de dispositivos electrónicos, la cafeína y muchas otras causas pueden perturbar o retrasar nuestro sueño. El cerebro no puede consolidar completamente el aprendizaje o «reiniciarse» sin un sueño profundo. Estos ejercicios van directos al corazón de lo que significa tener un «cerebro en forma».

¿Sabías que...?

Hormona del crecimiento

La hormona del crecimiento, una importante hormona de reparación para el cuerpo que ayuda a mantener la masa muscular, se segrega durante los periodos de sueño más profundo.

Ejercicio 1: Comienza tu descanso

Paso 1: Decide a qué hora te acostarás y prepárate para ceñirte a ella.

Paso 2: Tres horas antes de acostarte, deja de consumir bebidas y alimentos que contengan cafeína, como cola, café, té y chocolate. Si eres sensible a la cafeína, no la consumas al menos seis horas antes de acostarte. Cualquier cosa que ingieras durante las tres horas anteriores a ir a dormir debe ser relativamente ligera y fácil de digerir.

Paso 3: Dos horas antes de acostarte, deja de trabajar o de mirar las noticias (o cualquier cosa que pueda transmitir preocupaciones).

Paso 4: Una hora antes de acostarte, apaga la televisión y todos los dispositivos electrónicos. Eso significa absolutamente nada de navegar por internet, nada de Instagram ni de redes sociales, y tampoco nada de juegos en línea ni de vídeos de YouTube.

Paso 5: En la última hora antes de acostarte, realiza actividades tranquilas. Toma un baño tibio perfumado con aceites relajantes de aromaterapia o con sales de baño. Lávate los dientes y bebe solo la cantidad de agua suficiente para mantenerte hidratado durante la noche. Lee una novela o revista agradable y fácil. Evita las novelas de intriga o aquellos géneros que sabes que te atrapan y que te mantienen despierto hasta altas horas de la noche.

Paso 6: Antes de irte a dormir, reflexiona sobre tu día. Piensa en cualquier problema preocupante e intenta encontrar las causas, especialmente si crees que puedes tener la culpa. Hazte una nota mental (o escrita) para ajustar tu comportamiento si es necesario al día siguiente, incluso si eso incluye disculparte con alguien. Perdona a las personas que te han molestado durante el día y olvídate de ellas.

Paso 7: A las personas con las que convives, diles que las quieres mucho.

Paso 8: Concluye el día con alguna meditación, oración o afirmación que te reconforte.

Paso 9: Duerme tranquilo.

¿Qué se consigue con este ejercicio?

La falta de sueño es una causa conocida de pérdida de memoria y deterioro cognitivo. Las técnicas utilizadas en este ejercicio aumentan la probabilidad de dormir a gusto y experimentar un sueño de alta calidad.

Crea un pequeño paraíso de sueño

Ya puedes preparar tu cuerpo y tu mente de la forma más adecuada, que si tu dormitorio no está listo para albergar tu sueño, no podrás descansar lo necesario para mantener tu cerebro sano. Para crear el entorno adecuado para dormir, sigue estos pasos:

1. Revisa tu colchón. ¿Proporciona el confort adecuado? ¿Es cómodo?
2. Revisa tus almohadas. ¿Proporcionan el apoyo adecuado? ¿Son cómodas? ¿Estarías mejor con una almohada cervical en la que tu cuello se apoye mejor y des descanso a la columna vertebral?
3. Revisa tu ropa de cama. ¿Pasas frío por la noche? ¿O calor? ¿Es cómoda?
4. Evalúa la calidad del aire en tu dormitorio. ¿Existe una circulación de aire adecuada? ¿Hay demasiado polvo? ¿Hay moho?
5. Revisa tu dormitorio por la noche con las luces apagadas. ¿Hay fuentes de luz artificial (aparte de las ventanas) que penetren en la habitación? Si es así, ponle solución.
6. Escucha el nivel de ruido en tu dormitorio por la noche. ¿Estás tranquilo? ¿Puedes oír ruidos desde el interior de la casa? ¿Pueden reducirse? ¿Hay ruidos externos y puedes amortiguar su impacto?
7. Revisa los dispositivos electrónicos de tu dormitorio. Muchos artilugios comunes emiten luz y hacen ruido, lo que puede perturbar el sueño. Averigua cuáles puedes apagar antes de irte a la cama. (Los únicos que realmente no puedes apagar quizá sean el despertador o tal vez el móvil).
8. Realiza cambios en tu dormitorio para solucionar los problemas encontrados en los pasos anteriores.

¿Sabías que...?

Volviendo a la naturaleza

Cuando la gente que vive en las ciudades se adentra de noche en la naturaleza o en un espacio sin luz artificial (como un campamento o un crucero), tiende a sorprenderse de lo oscura que es realmente la noche. Pronto aprenden que el cuerpo quiere sincronizarse con el ciclo natural de luz y oscuridad. Conectar con la naturaleza pone de manifiesto lo sobrestimulada que está la gente de ciudad.

Ejercicio 2: Échate una siesta

Paso 1: Busca algo escrito que desees comprender o aprender, como unas instrucciones. Que no sea muy extenso. Elige un momento en el que puedas echarte una pequeña siesta sin molestar a nadie.

Paso 2: Lee el texto elegido durante 10-15 minutos.

Paso 3: Luego, pon una alarma para que suene al cabo de 25 minutos y acuéstate. Si no puedes usar tu cama, relájate en un sofá o en un sillón muy cómodo en el que puedas apoyar la cabeza y el cuello y que te permita reclinarte y quedarte dormido.

Paso 4: Cuando suene la alarma, tómate unos minutos para despertarte.

Paso 5: Regresa a lo que estabas leyendo antes de la siesta. ¿Este breve descanso después de un periodo de lectura mejoró el recuerdo de lo leído? Si no es así, ¿la siesta al menos te sirvió como un pequeño *reset* para continuar?

¿Qué se consigue con este ejercicio?
Una siesta ofrece a tu cerebro una recarga rápida, lo que puede ser excelente para resolver problemas y combatir el estrés. Puede que necesites experimentar con esta técnica. Para la mayoría de la gente funciona, pero es cierto que hay otras que se sienten peor después de una siesta.

¿Sabías que...?

Siesteros famosos

Algunos líderes mundiales famosos, como John F. Kennedy, Eleanor Roosevelt y Winston Churchill, eran devotos de la siesta diaria. Utilizaban periodos cortos de sueño para mantener sus mentes creativas y resilientes, con el fin de hacer frente a sus enormes cargas de estrés.

Ejercicio 3: Tómate un respiro

Paso 1: Encuentra un momento al día en el que puedas alejarte del ajetreo y el bullicio.

Paso 2: Aíslate en un lugar libre de conversaciones, ruido, televisión, radio, internet, etc.

Paso 3: Relájate y piensa en algo positivo, como un acontecimiento cercano o un buen recuerdo. Si lo deseas, puedes hacer un poco de lectura meditativa (pero ligera).

Paso 4: Regresa a tus actividades.

Paso 5: Haz de esto un hábito diario. Entrénate para llevarlo a cabo cuando te sientas cansado o intranquilo. Repite este ejercicio más de una vez en días particularmente estresantes.

¿Qué se consigue con este ejercicio?
Esta técnica evita que permanezcas a tope durante todo el día. Nuestros cuerpos y cerebros necesitan relajarse periódicamente, y trabajamos mejor cuando lo hacemos. La idea es hacer una pausa, desconectar, refrescar la mente y volver a las labores diarias con energía renovada.

Ejercicio 4: Respiración alterna por las fosas nasales

Paso 1: Siéntate en un lugar cómodo y tranquilo, y con una buena postura.

Paso 2: Toma conciencia de tu respiración. ¿Es poco profunda? ¿Es rápida?

Paso 3: Con el pulgar derecho, cierra la fosa nasal derecha. Inhala lentamente por la fosa nasal izquierda.

Paso 4: Suelta la fosa nasal derecha y, con el pulgar izquierdo, bloquea la fosa nasal izquierda. Exhala lentamente por la fosa nasal derecha.

Paso 5: Repite en el orden opuesto, inhalando por la fosa nasal derecha (con la fosa nasal izquierda bloqueada por el pulgar izquierdo) y exhalando por la fosa nasal izquierda (con la fosa nasal derecha bloqueada).

¿Qué se consigue con este ejercicio?
Este es un ejercicio de relajación que se utiliza en prácticas meditativas. La respiración alterna puede estimular los dos hemisferios de tu cerebro: la fosa nasal derecha estimula el hemisferio izquierdo y la fosa nasal izquierda hace lo propio con el hemisferio derecho. Además, ¡la respiración nasal alterna es relajante!

Ejercicios deportivos y recreativos

Si no practicas deporte ni realizas actividades físicas, o si haces lo mismo desde que puedes recordar, quizá sea el momento de incorporar algunos cambios. El movimiento e implicar la mente en nuevas actividades pueden estimular el aprendizaje general en el cerebro.

Ejercicio 1: ¡Haz volar una cometa!

Paso 1: Ve a una tienda de juegos o a la sección de juguetes de unos grandes almacenes y compra una cometa, o pídesela prestada a un amigo.

Paso 2: Lee las instrucciones sobre cómo ensamblar y usar la cometa. Móntala.

Paso 3: Encuentra un lugar adecuado para volar la cometa en un día de viento. Asegúrate de que no haya cables eléctricos alrededor.

Paso 4: Deja volar la cometa y disfruta de la actividad.

¿Qué se consigue con este ejercicio?
Volar cometas es relajante y estar rodeado de naturaleza es algo que anhelan nuestras mentes y cuerpos. Recuperar una actividad que hacías cuando eras niño, que sigue siendo entretenida para un adulto, es una excelente manera de hacer que tu cerebro esté abierto a nueva información y aprendizaje, como cuando eras joven.

Ejercicio 2: Da un paseo

Paso 1: Elige un momento en el que puedas dar un paseo. Anótalo en tu agenda.

Paso 2: Selecciona una ruta agradable a pie, ya sea en un entorno rural o urbano. Si es urbano, intenta elegir una ruta en la que el enfoque esté en caminar en lugar de mirar escaparates, y donde no tengas que cruzar calles no aptas para peatones. También puedes diseñar una ruta a través de un parque bonito y seguro o de un barrio residencial.

Paso 3: Calza unos buenos zapatos para caminar. Deben ofrecer una amortiguación y un apoyo adecuados. Deja las chanclas en casa o junto a la piscina.

Paso 4: Da un paseo y disfruta viendo los lugares de interés, incluidas las personas con las que te vayas cruzando.

¿Qué se consigue con este ejercicio?
Caminar es un buen ejercicio. El cuerpo humano necesita moverse para estimular el sistema nervioso, y puede beneficiarse de este tipo de ejercicio incluso si caminas solo 30 minutos tres o cuatro veces por semana.

¿Sabías que...?

¿Por qué es importante caminar?

Caminar ayuda a contrarrestar la gran cantidad de sedentarismo de las personas, como las horas que pasan sentadas en automóviles, sofás o trabajando. Caminar también proporciona información sensorial al cerebro a medida que percibes nuevas vistas, sonidos, olores y las variaciones del terreno durante la caminata.

Ejercicio 3: Prueba la jardinería

Paso 1: Encuentra un lugar para cultivar un huerto. Puede ser en tu patio o terraza, en tu balcón o en un pequeño terreno en las afueras. (Hay pueblos y ciudades que alquilan pequeñas parcelas.)

Paso 2: Elige lo que quieres cultivar. ¿Te gustan las plantas ornamentales? ¿O eres más de frutas y verduras?

Paso 3: Calcula cuánto trabajo puedes y quieres asumir. ¿Quieres un huerto urbano en tu terraza o una parcela de dimensiones mucho más grandes? (Sugerencia: si nunca has trabajado en un huerto, comienza con algo pequeño.)

Paso 4: Compra un libro o busca información en internet que den consejos sobre el cuidado de las plantas.

Paso 5: Prepara el área de tu huerto con la tierra adecuada y elimina las piedras y las malas hierbas.

Paso 6: Compra semillas o plantel (plantas jóvenes) en un centro de jardinería. Habla con el personal sobre las instrucciones de cuidado.

Paso 7: Planta tu huerto. Recuerda darles a las plantas espacio para crecer y plantarlas a la profundidad que necesiten. Esta información generalmente se encuentra en la etiqueta del paquete de semillas o en la maceta.

Paso 8: Cuida tu huerto a diario. Riega con la cantidad de agua adecuada y revisa tus plantas para detectar daños por insectos u hongos. Trata de abordar esos problemas de una manera respetuosa con el medio ambiente.

¿Qué se consigue con este ejercicio?

Suceden muchas cosas cuando practicamos este ejercicio. El trabajo al aire libre (manipular las plantas, el suelo y el agua) y el movimiento físico (que se puede adaptar a tu capacidad y agilidad) son buenos tanto para el cuerpo como para el cerebro. Al mismo tiempo, estás aprendiendo nuevas habilidades que también estimulan la función cerebral. Los aromas de la tierra y las plantas estimulan los nervios olfativos. La corteza frontal y la corteza prefrontal entran en acción para ayudarte a organizar, planificar y cuidar tu jardín. Salir al sol y al aire libre, rodeado de naturaleza, también tiene un efecto beneficioso para el cuerpo y la mente.

Ejercicio 4: Salir en bicicleta

Paso 1: Si aún no tienes una, busca una bicicleta que se adapte a tu cuerpo y nivel de habilidad.

Paso 2: Familiarízate con la bicicleta y realiza su mantenimiento (compra una buena bomba para los neumáticos). Si ya tienes una bici, asegúrate de que esté en buenas condiciones.

Paso 3: Invierte en un buen casco y en el resto del equipo de protección.

Paso 4: Prepárate para dar un paseo. Encuentra una ruta segura en la que no tengas que circular con mucho tráfico. Busca carriles bici o senderos para bicicletas cerca de tu zona.

Paso 5: Estira y fortalece tus músculos antes de subirte a la bicicleta. Concéntrate en los isquiotibiales (que corren a lo largo de la parte posterior de los muslos hasta detrás de las rodillas) y los cuádriceps (que corren por la parte frontal de los muslos). Ambos trabajan duro cuando pedaleas.

Paso 6: Disfruta de tu viaje.

¿Qué se consigue con este ejercicio?

Ir en bicicleta es un gran ejercicio cardiovascular. Asimismo, el movimiento (como caminar y otras actividades) proporciona una importante información sensorial al cerebro. El cerebro debe procesar la información sensorial procedente de tus articulaciones, músculos y piel a medida que te mueves y coordinas el movimiento continuo. El paisaje y el aire fresco también son muy importantes para tu bienestar. Si además aprendes sobre mantenimiento y reparación de bicicletas, estarás dominando otra nueva habilidad y desafiando tu capacidad de aprendizaje.

Ejercicios de apoyo social y salud emocional

Las personas necesitamos a las personas. Nuestra salud emocional es importante para nuestra calidad de vida, pero también para la calidad de nuestro cerebro. Cuando estamos nutridos emocional y socialmente, nuestros cerebros están más estimulados y, de hecho, pueden albergar más células cerebrales. Estamos programados para estar con otras personas, y acercarnos para pedir y ofrecer apoyo puede mejorar nuestra aptitud cerebral y nuestras vidas.

Las emociones negativas, ya sean recuerdos de heridas pasadas o proyecciones pesimistas sobre lo que la vida podría traernos, pueden minar nuestra energía mental como ninguna otra cosa. Deshacerte de la negatividad, un proceso que a veces resulta más liviano gracias al apoyo de amigos cercanos y familiares, puede elevar la salud de tu cerebro tanto como tu sensación de bienestar.

¿Sabías que...?

Cuándo buscar consejo

Si sientes que el miedo es un gran problema en tu vida, consulta a un buen amigo o a un psicólogo. Es una excelente manera de superar los miedos que surgen con regularidad.

Ejercicio 1: Conquista el miedo

Paso 1: Encuentra un lugar tranquilo donde puedas reflexionar sin interrupciones. Apaga todas las distracciones, como la televisión o el móvil.

Paso 2: Piensa en algo que te asuste, como un problema financiero, la seguridad de tu familia u otras cosas. Puede ser un miedo irracional o racional. (Nota: el miedo que vas a examinar no debe estar relacionado con un peligro inminente o con tu intuición sobre una persona que te produce inquietud o que no es de confianza; esos miedos son realmente buenos y necesarios para la supervivencia.)

Paso 3: Separa mentalmente el miedo que has identificado de tus reacciones. Repítete que tu miedo puede cobrar vida propia y que puedes vivir sin él.

Paso 4: Piensa en una fuente de fortaleza que haya en tu vida, como un ser querido, una presencia divina en el universo o en la naturaleza, o tu fe. Concéntrate en este pensamiento positivo.

Paso 5: Repite la siguiente afirmación: «Dejaré ir el miedo innecesario. No es mi verdadero yo. Soy valiente. Soy fuerte».

¿Qué se consigue con este ejercicio?
Este ejercicio te ayuda a tomar conciencia de los miedos subconscientes que pueden erosionar tu sensación de bienestar. Con el tiempo, estos miedos pueden alterar tu pensamiento y crear patrones de comportamiento e ideas negativas. Enfrentar estas preocupaciones libera recursos mentales, físicos y emocionales vitales.

Ejercicio 2: Elimina el resentimiento

Paso 1: Encuentra un lugar tranquilo y cómodo donde puedas reflexionar sin interrupciones. Apaga todas las distracciones, como la televisión o el móvil.

Paso 2: Piensa en alguna preocupación del pasado que no puedas dejar ir. Por ejemplo, quizás alguien no te invitó a un evento importante o hirió tus sentimientos públicamente. Incluso aunque hayan pasado varios años, es posible que todavía te sientas enfadado por ello y que sigas reviviendo el dolor. La palabra *resentimiento* proviene del latín y significa «sentir algo una y otra vez». Debido a que todavía te aferras a la emoción dolorosa, es posible que aún guardes rencor contra la persona que te lastimó.

Precaución

Esta situación humana común es diferente de traumas más profundos como el abuso, que requieren tratamiento más allá de este ejercicio. Si la fuente de tu enfado es un acontecimiento traumático, busca la ayuda de un psicoterapeuta, psicólogo u otro profesional que pueda brindarte orientación y tratamiento.

Paso 3: Piensa en la persona que te lastimó u ofendió. ¿Qué se quedó dentro de ti y por qué?

Paso 4: Piensa en tu participación en la situación. ¿Alguna de tus acciones o expectativas lo empeoró? Quizás esperabas que alguien fuera amable cuando nunca lo es. Quizás estabas en un lugar donde no deberías haber estado. Quizás la situación no sea culpa tuya, pero es bueno que te hagas estas preguntas.

Paso 5: Piensa que no importa cuán equivocada estuviera la otra persona, ya que seguramente debe de haber algo mal en su vida que provocara este comportamiento. Desea lo mejor a esa persona y deja ir tu resentimiento.

Paso 6: Dirige inmediatamente tu atención hacia pensamientos constructivos. Piensa en alguien a quien amas, en alguien a quien puedas ayudar o en un recuerdo feliz. No te preocupes más por la ofensa pasada.

Paso 7: No esperes que las viejas heridas desaparezcan fácilmente. Repite este ejercicio si los sentimientos resurgen, luego pasa a pensamientos mejores.

→

Ejercicio 2: Elimina el resentimiento

¿Qué se consigue con este ejercicio?
Esta es una técnica eficaz para dejar ir el resentimiento, el odio y la ira del pasado. Estas emociones negativas pueden incrustarse en la psique, desperdiciando enormes cantidades de energía. Si tienes un enfado que no puedes dejar ir, consulta a un profesional. Ciertos resentimientos están relacionados con traumas que requieren atención profesional y un oído comprensivo. A veces, la gente piensa que pedir ayuda es un signo de debilidad, pero es todo lo contrario: es un signo de madurez.

Ejercicio 3: Visualización positiva

Paso 1: Encuentra un lugar tranquilo y cómodo donde puedas relajarte sin interrupciones. Apaga todas las distracciones, como la televisión o el móvil.

Paso 2: Cierra los ojos.

Paso 3: Piensa en un lugar hermoso que hayas visitado o en un recuerdo agradable.

Paso 4: Recrea el escenario en tu mente. Concéntrate en los pequeños detalles que recuerdes. Por ejemplo, tal vez sea una hermosa playa bajo un cielo azul cristalino o una maravillosa fiesta de cumpleaños con la mejor tarta que jamás hayas probado.

Paso 5: Dedica unos minutos a este recuerdo, con los ojos cerrados. Trata de imaginarte claramente cómo fue y qué sucedió.

¿Qué se consigue con este ejercicio?
Este ejercicio es un tipo de vacaciones mentales que implica recuerdos que aprovechan el área de procesamiento visual del cerebro. Hay muchos tipos de ejercicios de visualización. Este tiene como objetivo ayudarte a recordar cómo es sentirse realmente bien. Cuando revives estos sentimientos, se producen una serie de cambios neuroquímicos y hormonales. El cerebro aprende a adoptar ciertos patrones: de ansiedad, de tristeza o de bienestar. Esta visualización es una forma de ayudar a tu cerebro para que se sienta feliz.

Ejercicio 4: La fuerza de las afirmaciones

Paso 1: Encuentra una afirmación, ya sea una cita, un aforismo o la frase de un familiar o amigo que te guste. Por ejemplo, una afirmación podría ser: «Soy digno de dar y recibir amor» o «Puedo enfrentar los desafíos de hoy y ayudar a otros en el camino».

Paso 2: Encuentra un lugar tranquilo y cómodo donde puedas meditar sobre esta afirmación durante unos minutos (sin ser molestado).

Paso 3: Repite la afirmación. No fuerces nada ni intentes sentirte de cierta manera. Simplemente repite las palabras y deja que su significado te inunde. Incluso si parte de tu cerebro te dice que no aceptes la afirmación, ignóralo y repite con calma la afirmación.

¿Qué se consigue con este ejercicio?
Las afirmaciones son similares a las visualizaciones. Ayudan a acondicionar el cerebro y, con el tiempo, puedes aprender a adaptarte a nuevas creencias y comportamientos. Obviamente, una afirmación debe estar basada en la verdad, y es más eficaz cuando se refiere a cuestiones constructivas que están a tu alcance.

Ejercicio 5: Practica la gratitud

Paso 1: Piensa en la naturaleza de la gratitud. Debemos ser agradecidos por las cosas que nos importan o que son valiosas para nosotros, como por ejemplo la salud, el apoyo, la familia, los amigos y la belleza natural que nos rodea.

Paso 2: Piensa en la gratitud como una acción. Es el acto de hacer que esas cosas buenas sean importantes. A menudo nos detenemos y damos gran importancia a las cosas malas que no podemos cambiar. La gratitud trata de centrarse en las fuerzas buenas de nuestra vida.

Paso 3: Escribe una lista de las cosas buenas de tu vida. Piensa en aquellas que quieres valorar.

Paso 4: Lee tu lista y piensa cómo sería tu vida sin esas cosas. Di «gracias» por cada una de ellas.

¿Qué se consigue con este ejercicio?
Estar agradecido crea sentimientos y pensamientos nobles y mueve tu enfoque de negativo a positivo. También te permite cuidar mejor a las buenas personas y cosas que te rodean. Si puedes permanecer en este estado un buen tiempo, experimentarás efectos positivos en tu sistema hormonal y en tu sistema inmunológico.

Ejercicio 6: Haz una llamada

Paso 1: Piensa en alguien con quien no hayas hablado desde hace mucho tiempo. No empieces con alguien con quien tuviste una gran pelea o una relación complicada. Piensa en alguien con quien te gustaría hablar más.

Paso 2: Hazle a esa persona una llamada telefónica.

Paso 3: Ponte de acuerdo con esa persona para manteneros en contacto y establecer una fecha y hora para volver a hablar. Mejor aún: si es posible, agendad un día para un agradable desayuno, almuerzo, cena o café juntos. Si la persona a la que llamas está lejos, basta con escuchar su voz.

¿Qué se consigue con este ejercicio?
Mantener tus conexiones sociales es extremadamente importante para la salud y el funcionamiento de tu cerebro. Con demasiada frecuencia dejamos que estas relaciones terminen debido a que estamos ocupados. Es bueno recordar que podemos volver a estar cerca de personas importantes en nuestra vida con solo apretar un botón.

¿Sabías que...?

Videoconferencia

Gracias a la infinidad de programas y aplicaciones actuales, hacer una videoconferencia es más fácil que nunca. Todo lo que necesitas, además de un interlocutor, es un ordenador o tableta con conexión a internet o un teléfono móvil. Estos programas son fáciles de usar y (muchos de ellos) gratuitos.

Ejercicio 7: Escribe una carta

Paso 1: Piensa en alguien con quien hayas perdido el contacto. No debería ser alguien con quien hayas tenido grandes problemas, solo alguien con quien no te hayas puesto al día desde hace tiempo.

Paso 2: Siéntate y escribe una carta a esa persona. Un correo electrónico puede funcionar, pero el toque personal de una carta es aún más valioso.

Paso 3: Menciona en la carta que te gustaría charlar en algún momento. No dediques toda la carta a hablar de tus cosas. Hazle a la persona algunas preguntas sobre su vida, recuerda algunos buenos recuerdos de momentos que pasasteis juntos o comparte algunos planes para el futuro.

Paso 4: Termina la carta deseándole suerte y pidiéndole mantener el contacto.

¿Qué se consigue con este ejercicio?
Escribir una carta es similar a hacer una llamada telefónica: te ayuda a mantenerte conectado con las personas importantes o valiosas de tu vida. Sin interacción social, el cerebro se marchita. Aunque estén pasadas de moda, es todo un placer recibir una carta manuscrita, incluso para las personas que suelen utilizar exclusivamente el correo electrónico o las redes sociales.

Ejercicios de adquisición del lenguaje

Desde nuestros primeros días de vida y a lo largo de nuestra infancia, nuestros cerebros se empapan de conocimiento como una esponja. Durante esta importante fase, adquirimos una habilidad notable: el uso del lenguaje. La capacidad de dar sentido a los sonidos y comunicarse con los demás es innata; sin embargo, debe cultivarse a través de la interacción con los demás. Si bien aprender incluso un solo idioma es un logro asombroso, los estudios demuestran que las personas que aprenden dos o más idiomas pueden tener un deterioro cognitivo más lento en el futuro.

Uno de los temas centrales de este libro es que debemos activar los poderes de aprendizaje del cerebro más allá de las rutinas diarias que requieren muy poco pensamiento o esfuerzo. Aprender un nuevo idioma puede ayudarnos a alcanzar este objetivo.

Ejercicio 1: Aprende 10 palabras en un idioma extranjero

Paso 1: Busca una herramienta de enseñanza de un idioma extranjero, como un diccionario o un recurso en internet. El idioma elegido debe ser totalmente desconocido para ti.

Paso 2: Identifica 10 palabras que quieras aprender de ese idioma.

Paso 3: Encuentra la traducción y estudia la pronunciación de cada una de tus 10 palabras. A medida que estudies cada palabra, vincúlala a una imagen mental, asociándola a algo que pueda evocar recuerdos. Por ejemplo, si la palabra extranjera es el nombre de un alimento, piensa en una experiencia excelente (¡o mala!) que hayas tenido con ese alimento.

Paso 4: Practica la pronunciación de las palabras y memoriza sus significados, dedicando unos minutos a cada palabra.

Paso 5: Escribe las palabras y sus significados. Deja tus notas a un lado durante 24 horas.

→

▶ Ejercicio 1: Aprende 10 palabras en un idioma extranjero

1. ______________________ ______________________
2. ______________________ ______________________
3. ______________________ ______________________
4. ______________________ ______________________
5. ______________________ ______________________
6. ______________________ ______________________
7. ______________________ ______________________
8. ______________________ ______________________
9. ______________________ ______________________
10. ______________________ ______________________

Paso 6: Al día siguiente, intenta recordar y decir las 10 palabras.

Paso 7: Compara lo que recuerdes con lo que escribiste.

Paso 8: Si conoces a alguien que habla este idioma, prueba tus 10 palabras con él o ella.

¿Qué se consigue con este ejercicio?
La adquisición del lenguaje activa vías en el cerebro que usamos con frecuencia cuando somos niños, pero que pueden permanecer inactivas en los adultos. Al aprender estas 10 palabras, abres esos caminos y estableces nuevas conexiones en el cerebro.

¿Sabías que...?

Ayudas audiovisuales

En el aprendizaje de idiomas extranjeros, tanto el ordenador como internet son recursos excelentes, ya que contienen muestras de audio que te permiten escuchar pronunciaciones correctas y vídeos que te permiten ver a gente pronunciando las palabras.

Ejercicio 2: Clases de lengua extranjera

Paso 1: Busca un curso de un idioma extranjero en tu población. Los centros culturales son un buen lugar para buscar, y si no siempre se puede acudir a una academia de idiomas especializada.

Paso 2: Inscríbete en un curso de iniciación.

Paso 3: Asiste a clase y trata de hablar lo máximo que puedas. Recuerda que usar un idioma con regularidad en diferentes situaciones es la mejor manera de aprenderlo.

¿Qué se consigue con este ejercicio?
Aprender un nuevo idioma implica memorizar vocabulario y gramática y aprender la pronunciación y el significado de las frases. Estudiar un idioma extranjero, especialmente de manera sistemática en una clase, estimula las vías de aprendizaje de tu cerebro.

Ejercicio 3: Haz un viaje

Paso 1: Estudia una lengua extranjera hasta que tengas un grado mínimo de competencia. Recibe clases, en una escuela o a través de internet, y concéntrate en aprender a usar ese idioma en las interacciones diarias.

Paso 2: Planifica un viaje a un país donde se hable ese idioma.

Paso 3: Si tú no te manejas con facilidad, acude a una agencia de viajes para que te ayuden a reservar un viaje que te permita hablar e interactuar con la gente, pero que sea seguro y no abrumador. No es divertido estar en un lugar donde la gente no puede comunicarse contigo o donde te sientes desubicado. Además, los turistas pueden ser un objetivo para los ladrones en algunos lugares. Por otro lado, tampoco aprenderás mucho si estás encerrado en un autobús turístico con otros compatriotas. Busca una experiencia equilibrada.

Paso 4: Realiza tu viaje, y explora e interactúa con otras personas en su idioma. Asegúrate de conocer también normas culturales antes de comenzar. Cada cultura tiene diferentes reglas sobre los niveles aceptables de contacto visual, los grados de confianza y las fórmulas de cortesía (como cuándo usar «señor», «señora»...).

¿Qué se consigue con este ejercicio?
Viajar es la mejor manera de salir de las rutinas repetitivas y sedantes de la vida. El truco para un viaje exitoso es una buena planificación. Así se minimizan los riesgos y se maximizan las oportunidades de diversión y aprendizaje.

¿Sabías que...?

Antes de viajar

Antes de ir al extranjero, asegúrate de que tu pasaporte esté en regla y verifica si hay avisos de peligro en el país que vas a visitar.

Ejercicio 4: Nuevas experiencias gastronómicas

Paso 1: Busca un restaurante que sirva cocina de otra cultura, algo que consideres una experiencia auténtica. Por ejemplo, un tailandés puede ser una excelente oportunidad, siempre que sea tranquilo y el personal sea de ascendencia u origen tailandés. Un restaurante tailandés familiar puede proporcionar una estimulación sensorial todavía más auténtica.

Paso 2: Encuentra un momento tranquilo para cenar en el restaurante que hayas elegido, cuando no esté abarrotado de clientes.

Paso 3: Examina las palabras y los platos del menú. Pregúntale al camarero sobre el significado de los nombres.

Paso 4: Conoce al propietario o al gerente y aprende a identificar los alimentos por sus nombres originarios. Indagar sobre la pronunciación de los alimentos y la historia de los platos puede enseñarte más sobre su cultura.

¿Qué se consigue con este ejercicio?
Este ejercicio es una forma más gustosa de estudiar un idioma. Aprender sobre la comida de un país es una excelente manera de conocer su cultura. Aprendes nuevas palabras, historia e información cultural al mismo tiempo. La cena es una experiencia rica para los sentidos, y las nuevas palabras tendrán poder de permanencia en tu cerebro porque son relevantes y se aprenden en un contexto agradable y delicioso.

PARTE 4

Mens sana in corpore sano

El ejercicio físico beneficia al cerebro

Este libro se centra en los ejercicios mentales que puedes hacer para darle a tu cerebro el entrenamiento que necesita. El cerebro depende del resto del cuerpo, por lo que tus actividades físicas influyen en el funcionamiento de tu mente. Dependiendo de lo que hagas (o no hagas), puedes fortalecer o socavar la salud del cerebro.

Necesitamos movernos. Nuestros cuerpos están destinados a mantenerse activos y el cerebro responde poderosamente al ejercicio. El cerebro es un órgano adaptativo magnífico: las personas que están postradas en una cama o cuyos cuerpos están inmovilizados aún pueden participar en las formas más elevadas y complejas de pensamiento e imaginación. Pero esta capacidad aumenta cuando nos movemos, y si somos capaces de hacerlo deberíamos ejercitarnos y explorar el mundo libremente en cada oportunidad.

¿Sabías que...?

Endorfinas

Cuando el cuerpo realiza ejercicio intenso, en el torrente sanguíneo se liberan endorfinas, potentes compuestos que suprimen el dolor y promueven el placer. También nos liberan del estrés y la tensión. Son uno de los componentes de la «euforia del corredor», la dosis de euforia que puede producir el ejercicio. Y lo mejor de todo: no es necesario ser un corredor de maratones ni tener una condición física óptima para obtener este tipo de placer en el ejercicio.

El ejercicio mejora la circulación

Cuando haces ejercicio, aumentas el flujo de sangre que se dirige a tu cerebro. Se trata de una consecuencia simple de acelerar tu circulación. El aumento del flujo sanguíneo al cerebro conduce a una sensación de bienestar; no es casualidad que algunas personas piensen mejor en caminatas largas. El movimiento, el ritmo y la mejora de la circulación en el cerebro ayudan a inspirar tus pensamientos.

El movimiento estimula el crecimiento

Cuando nos movemos, se liberan ciertos factores de crecimiento relacionados con el cerebro. Estos factores de crecimiento hacen que establezcamos nuevas conexiones en el cerebro e incluso que desarrollemos nuevas células cerebrales. Eso significa que el ejercicio ayuda a reconectar el cerebro, lo que te hace más inteligente.

Igualmente significa que la actividad física no solo mejora la condición de tu corazón y articulaciones: también aumenta tus poderes mentales. El cerebro anhela la información sensorial que proporciona el ejercicio cuando te mueves. Todo esto hace que sea aún más importante alimentar el cerebro con más «nutrientes» esenciales para el estilo de vida que deseas: movimiento y ejercicio.

Entrenar mejor

Hay muchísimos deportes y actividades físicas para elegir. De hecho, existe una cantidad casi abrumadora de opciones. La clave es encontrar los que te funcionen a ti. Eso significa que tu cuerpo necesita estar a la altura del desafío y tú necesitas disfrutar de la actividad y divertirte haciéndola. Estas son algunas de las muchas opciones.

¿Sabías que...?

Cuida tus articulaciones

Muchos tipos de ejercicios aeróbicos de alta intensidad (como correr, ir en bicicleta, aeróbicos de alto impacto, etc.) pueden ejercer una tensión excesiva en tus articulaciones. La buena noticia es que existen ejercicios adaptados y opciones de menor impacto que no causan el mismo daño. Nunca te esfuerces tanto como para dañar las articulaciones y pide consejo a los entrenadores sobre cómo conseguir que los ejercicios sirvan para tus necesidades particulares.

Ejercicios aeróbicos

Estas actividades aumentan tu frecuencia cardiaca e incrementan la circulación. No están especialmente pensados para aumentar tu fuerza física, pero también tienen ese efecto indirecto. Debido a que este tipo de ejercicios aumentan de forma significativa tu frecuencia cardiaca, consulta con un médico antes de comenzar cualquiera de ellos. Esto es especialmente importante para las personas con antecedentes de enfermedades cardiacas o accidentes cerebrovasculares.

Algunas opciones para probar:

- Carrera.
- Ciclismo.
- Clases dirigidas (como ejercicios aeróbicos o bailes).

Entrenamiento de fuerza

Estas actividades están diseñadas específicamente para desarrollar la fuerza muscular. También exigen cierto esfuerzo al corazón y aumentan la circulación, pero no en el mismo grado que las actividades aeróbicas.

¿Sabías que...?

Clases de yoga a medida

Puedes encontrar clases de yoga especialmente diseñadas para personas que han tenido lesiones musculares o para personas mayores. En ningún tipo de ejercicio vale la pena superar tu nivel de tolerancia, y el yoga no es una excepción. Busca una clase adaptada si lo necesitas, para que puedas mantenerte dentro de tus límites físicos sin dejar de disfrutar de los beneficios que proporciona este ejercicio.

Es importante contar con la forma adecuada y respetar los límites al realizar este tipo de entrenamiento. Si acabas justo de comenzar, trabajar con un entrenador puede protegerte de lesiones. Algunas actividades para probar:

- Levantamiento de pesas.
- Isométricos, una técnica de contracción muscular que genera fuerza rápidamente.

Natación

La natación ofrece lo mejor de ambos mundos: mejora la capacidad aeróbica y desarrolla la fuerza. No requiere que las articulaciones soporten peso, por lo que es una excelente opción para las personas con artritis o dolor de espalda. Otra posibilidad son las clases de *aquagym*, que pueden ser buenas para las articulaciones. Estas clases utilizan movimientos de estilo aeróbico y te permiten hacer ejercicio moderado en un entorno más relajado y sin impactos.

Deportes organizados

Hay muchísimos deportes diferentes y para todos los gustos. Pueden basarse en equipos, como el béisbol o el fútbol; centrados en el oponente, como el tenis, o individuales, como el golf. No importa cuál prefieras, los deportes combinan movimiento, diversión, coordinación, inteligencia visual-espacial, trabajo en equipo e interacción interpersonal. Y puedes disfrutar de una variedad de niveles de ejercicio (algunos bastante intensos), dependiendo de las actividades que elijas.

Ejercicios de cuerpo y mente

La cultura oriental nos ha proporcionado muchos de los ejercicios para la mente y el cuerpo más populares. Tanto el taichí como el *qigong* tienen su origen en la medicina tradicional china. Ambos promueven el flujo de energía (que se llama *qi* o *chi*) en el cuerpo. Son excelentes para hacer que el cuerpo se mueva a través de rangos completos de movimiento y para estirar los músculos y ligamentos que hay alrededor de las articulaciones.

El yoga es una forma de meditación y ejercicio para la mente y el cuerpo que es asombrosamente popular en todo el mundo. Puede ser ideal para centrar la respiración y aumentar la flexibilidad. Muchas de las posturas también ponen a prueba la fuerza y el equilibrio de los músculos. Una buena norma es no forzar, especialmente cuando estás comenzando, y buscar clases que se adapten a tu cuerpo.

Regreso a la naturaleza

Los seres humanos prosperan cuando están expuestos al aire libre. Como es evidente, anhelan conexiones con la naturaleza. En nuestro mundo artificial de viviendas cerradas herméticamente, grandes edificios, automóviles, iluminación las 24 horas del día e interminables pantallas brillantes, nos aislamos del mundo que nos rodea. Es importante para tu bienestar físico y mental que luches contra esa tendencia y restablezcas el vínculo natural.

Preguntas frecuentes (FAQS)

P. ¿El contacto con la naturaleza fomenta la salud del cerebro?

R. Además de ser bueno para ti físicamente, salir y estar activo puede influir de forma positiva en el funcionamiento y la salud de tu cerebro. Entrar en contacto con la naturaleza puede:

- Reducir el estrés.
- Mejorar el aprendizaje.
- Mejorar la cognición.
- Incrementar la sensación de bienestar.
- Mejorar los sentimientos y las actitudes hacia los demás.

Maneras fáciles de reconectarte con la naturaleza

Establecer conexiones con el mundo natural no tiene por qué ser un arduo trabajo. Hay muchas formas sencillas de conseguirlo y puedes incorporar muchas de estas actividades o estrategias a tu vida diaria. Aquí solo te detallo unas pocas ideas:

- Dar paseos por el parque.
- Cultivar más plantas en tu casa.
- Conseguir una mascota (y pasear con ella al aire libre siempre que sea posible).
- Plantar y cuidar un jardín.
- Caminar por senderos naturales.
- Caminar descalzo por la playa.
- Pasear en barca con amigos.
- Visitar parques y espacios naturales.

Inflamación y cerebro

La inflamación es una función compleja que tiene aspectos tanto positivos como negativos. Entre los positivos está que ayuda al cuerpo a combatir las infecciones y a responder a las lesiones. Generalmente implica sustancias químicas especiales liberadas por nuestras células que provocan un aumento del flujo sanguíneo, enrojecimiento, hinchazón y dolor, todo lo cual en realidad ayuda al cuerpo a sanar y a combatir a los intrusos. En el lado negativo, la inflamación también puede dañar las estructuras y funciones corporales y conducir al desarrollo de enfermedades.

Muchas afecciones cerebrales, incluidos los accidentes cerebrovasculares y la demencia, tienen un gran componente inflamatorio. Para comprender cómo la inflamación envejece el cerebro, comencemos por la necesidad que este tiene de contar con una vasta red de vasos sanguíneos sanos para suministrar oxígeno.

Las neuronas son células muy activas que crean su propia energía mediante lo que se llama metabolismo aeróbico. Toman glucosa del torrente sanguíneo y la descomponen para liberar su energía potencial. Para las células del cerebro, el oxígeno es una parte crucial del proceso de creación de energía. A diferencia de los tejidos musculares, las células cerebrales no pueden producir energía si se las priva de oxígeno, incluso durante un periodo corto de tiempo.

¿Sabías que...?

Inflamación

La inflamación es un aspecto normal y saludable del mecanismo de defensa de nuestro cuerpo, que ayuda a restaurar el tejido dañado. Sin embargo, cuando es crónica o está fuera de control, se vuelve peligrosa.

En un cuerpo sano (generalmente durante la juventud), el cerebro cuenta con una estructura ramificada aparentemente interminable de vasos sanguíneos, desde grandes hasta muy pequeños. En la aterosclerosis, una afección común que erosiona la salud del sistema vascular, la placa se acumula en arterias de diversos tamaños, pero especialmente en las de tamaño medio. Aunque los niveles de colesterol son un indicador importante del riesgo de aterosclerosis, ahora se sabe que es la inflamación la que impulsa este proceso. Las arterias se van estrechando debido a los depósitos de colesterol y tejido anormal (similar al tejido cicatricial), que van formando placas cada vez mayores y más rígidas. Finalmente, cuando una de las placas se rompe, se puede formar un coágulo de sangre. A veces, el coágulo es tan grande que bloquea la arteria.

Cuando un coágulo grande bloquea una arteria enferma en el cerebro, se conoce como ataque cardiaco o infarto (en el corazón, se llama infarto de miocardio). En términos generales, lo llamamos accidente cerebrovascular (aunque un accidente cerebrovascular también puede ser causado por la ruptura de un vaso sanguíneo). Como resultado, una cantidad significativa de tejido cerebral puede morir.

Pero incluso cuando solo los vasos sanguíneos más pequeños se deterioran debido a la inflamación, el daño al cerebro se hace evidente a medida que las células cerebrales se ven privadas de una circulación saludable. Es posible que la inflamación no provoque una catástrofe como un derrame cerebral, pero los escáneres cerebrales mostrarán menos materia gris (células cerebrales) y materia blanca (las conexiones o vías entre las células y entre las regiones cerebrales). De hecho, el cerebro puede encogerse.

La inflamación, por tanto, juega un papel en otras formas de demencia y envejecimiento neurológico, aunque no sea el único culpable. En cualquier caso, tiene sentido intentar disminuirla. Nuestra dieta diaria incluye muchos alimentos que promueven la inflamación, como grasas saturadas e ingredientes procesados. Además, son deficientes en grasas saludables, como los ácidos grasos omega-3 y los alimentos de origen vegetal, que proporcionan numerosos compuestos antiinflamatorios protectores. Comer alimentos procesados ricos en grasas, sin suficientes frutas y verduras, puede envejecer el cuerpo.

Esta dieta rica en grasas y excesivamente procesada ha dado lugar a una tasa muy alta de síndrome metabólico, una afección inflamatoria caracterizada por niveles altos de glucosa en sangre, presión arterial alta y (generalmente) obesidad. Una de las causas fundamentales es que las células musculares del cuerpo se vuelven resistentes a la insulina, la hormona que desempeña un papel importante en el traslado de la glucosa del torrente sanguíneo a las células de los tejidos. Cuando ingieres alimentos que hacen que tu glucosa en sangre se dispare, tu cuerpo responde vertiendo mucha insulina en el torrente sanguíneo. Cuando eso ocurre día tras día, año tras año, con el tiempo el cuerpo puede volverse menos sensible a la insulina: cada vez se necesita más y más para mantener los niveles de azúcar en sangre bajo control. Los altos niveles de insulina contribuyen a la obesidad y aumentan algunas actividades inflamatorias en el cuerpo.

Cuando los niveles de glucosa en sangre permanecen altos la mayor parte del tiempo, las células cerebrales se ven dañadas. La glucosa se une a las proteínas de las células cerebrales, lo que distorsiona su estructura original y provoca un envejecimiento acelerado. Las células de apoyo del sistema nervioso, las células gliales y las células de Schwann también resultan dañadas. La presión arterial alta que acompaña al síndrome metabólico puede dañar aún más los vasos sanguíneos del cerebro.

La buena noticia es que la nutrición y los cambios en la dieta pueden ayudar a reducir tanto el exceso de inflamación como el riesgo de síndrome metabólico, así como a aumentar la salud y vitalidad en general. En la parte 5 aprenderás estrategias para realizar estos cambios positivos en tus hábitos alimenticios.

¿Sabías que...?

Enfermedades inflamatorias del cerebro

No todas las enfermedades cerebrales son principalmente inflamatorias, pero muchas de ellas, como la enfermedad vascular, sí tienen un componente inflamatorio.

PARTE 5

Alimentar el cerebro

Alimentos para un cerebro sano

Comencemos reconociendo que ningún alimento puede satisfacer todas las necesidades del cerebro. La comida no funciona de esa manera. El metabolismo humano requiere una serie de fuentes de energía y compuestos químicos especiales para mantener una buena salud. Y el cerebro no es una excepción: sigue las mismas reglas que el resto del cuerpo. Las células del cerebro necesitan quemar energía y repararse a sí mismas, y precisan vitaminas y minerales para realizar ciertas reacciones químicas.

Ninguna dieta es perfecta

La nutrición afecta a cada individuo de manera diferente. Todos tenemos necesidades metabólicas ligeramente distintas y existen variaciones en las cantidades de vitaminas y minerales que necesitamos. Además, la sensibilidad a los alimentos y las alergias causan a muchas personas problemas con alimentos específicos. Una alimentación que a una persona le aporta energía a otra le puede provocar un estado más alto de inflamación y una sensación de letargo. Recuerda: los alimentos no son buenos ni malos por naturaleza. Por ejemplo, el trigo está bien para algunas personas, pero es posible que otras no lo digieran o no lo toleren (por ejemplo, el sistema inmunológico de las personas celiacas reacciona negativamente al gluten que contiene el trigo, por lo que pueden enfermar gravemente). La clave es comer alimentos integrales y saludables con la mayor frecuencia posible y alejar de tu cuerpo lo que no te sienta bien.

Los cerebros necesitan glucosa

El cerebro prefiere la glucosa como fuente de energía. Por esa razón, necesita consumir carbohidratos que liberen energía de manera lenta y constante. Los carbohidratos simples consisten en una o dos moléculas de azúcar. Tus células queman carbohidratos simples rápidamente, y luego la energía que proporcionan desaparece. Los carbohidratos complejos, por su parte, consisten en cadenas de moléculas de azúcar. Las células los queman más lentamente, por lo que otorgan una energía más duradera.

¿Sabías que...?

Abordar las disfunciones metabólicas

Cuando un médico recomienda una dieta, ante todo debe considerar las disfunciones en la fisiología del paciente. La evaluación del paciente generalmente muestra lo que está desequilibrado o va mal en su alimentación, por lo que el médico deberá esbozar una dieta personalizada que le resulte terapéutica. Por ejemplo, un paciente con insuficiencia renal puede necesitar una cantidad específica de ciertas proteínas de alta calidad. El tratamiento puede implicar restricciones dietéticas, así como otras medidas para restaurar la salud. Lo mejor que puedes hacer antes de cambiar tu alimentación es resolver cualquier duda con tu médico.

El índice glucémico

El índice glucémico (IG) es una forma de medir la rapidez con la que un alimento específico envía azúcar al torrente sanguíneo después de ingerirlo. La glucosa pura es la forma más simple de azúcar en el torrente sanguíneo humano y se absorbe muy rápidamente. Por lo tanto, tiene la puntuación más alta en el índice glucémico: 100. Un alimento con un IG alto se comporta como la glucosa (eleva rápidamente el nivel de azúcar en la sangre), mientras que un alimento con un IG bajo se comporta de manera opuesta (eleva el nivel de azúcar en la sangre de forma lenta y constante).

Preguntas frecuentes (FAQS)

P. ¿Los alimentos con almidón hechos con harina refinada tienen un índice glucémico tan alto como el azúcar?

R. Sí. Algunos alimentos con almidón elevan el azúcar en sangre casi tan rápido como la glucosa pura. Tomemos el pan blanco como ejemplo. Se convierte en glucosa casi inmediatamente después de su consumo y eleva el azúcar en sangre a un nivel bastante alto y a un ritmo rápido, lo que lleva a picos y valles en tu nivel de energía.

Por qué los alimentos con un IG bajo son los mejores

Los carbohidratos complejos necesitan tiempo para descomponerse en el cuerpo, por lo que liberan su energía lentamente y tienen un valor IG más bajo. Los cereales integrales son un buen ejemplo: los carbohidratos que contienen se adhieren al salvado y al germen del grano (la parte de la semilla de una planta de cereales). Estas dos partes del grano son más difíciles de digerir para el cuerpo, por lo que no irrumpen en el torrente sanguíneo cargados de glucosa de rápida absorción.

Los alimentos que contienen una mayor proporción de grasas o proteínas también se clasifican más abajo en la escala IG, ya que liberan glucosa al torrente sanguíneo lentamente. Cuando se mezclan grasas o proteínas con carbohidratos, pueden ralentizar la digestión, lo que crea una especie de suministro de azúcar de liberación prolongada para las células.

Los cerebros también necesitan grasa

Otro aspecto clave de la nutrición cerebral es el consumo de grasas. Los tipos de grasas que consumimos son muy importantes para mantener las células cerebrales en óptimas condiciones.

El cerebro contiene un porcentaje muy alto de ácidos grasos omega-3. Los usa en su estructura celular y constituyen un componente fundamental de la masa cerebral. Estos ácidos grasos se encuentran en la membrana celular (la superficie exterior), que conduce las señales eléctricas que permiten que las células del cerebro se comuniquen. El cuerpo no puede producir grasas omega-3, por lo que es esencial consumir alimentos ricos en ellas. El cerebro tiene una gran necesidad de ácidos grasos omega-3, especialmente cuando somos jóvenes. El cerebro adquiere la mayor parte de su masa en nuestros primeros años de vida (aunque la alimentación a lo largo de nuestra vida es también muy importante). Las células requieren grasas omega-3 incluso antes de nacer, por lo que las fuentes puras y seguras de grasas omega-3 son suplementos importantes para las mujeres embarazadas. Para obtener más información sobre las grasas que necesita tu cerebro, consulta la página 184.

¿Sabías que...?

Weston Price

Weston Price fue un dentista que investigó la relación entre la nutrición y la salud a principios del siglo xx. Su libro *Nutrition and Physical Degeneration: A Comparison of Primitive and Modern Diets and Their Effects*, publicado originalmente en 1939, sigue siendo relevante en la actualidad. Muestra cómo la observación y la investigación inteligentes pueden guiar nuestra elección de alimentos.

Antioxidantes y fitoquímicos

El cerebro está expuesto a diversos factores que causan el envejecimiento prematuro, como vimos al principio de este libro. Para proteger el tejido cerebral, las personas necesitan antioxidantes y una variedad de compuestos vegetales, o fitoquímicos, que protegen a las células de los posibles daños. Algunos de estos compuestos protegen las células cerebrales directamente, mientras que otros se centran más en proteger los vasos sanguíneos (ya sean grandes o pequeños) que el cerebro necesita para funcionar. Para obtener más información sobre los antioxidantes, consulta la página 197.

Comer bien es simple

Últimamente, nuestra tendencia es convertir la alimentación en un aspecto de nuestra vida tan complejo y misterioso que necesitamos múltiples expertos que nos digan qué hacer. Pero no tiene por qué ser difícil. En esta sección aprenderás lo esencial sobre aquellos alimentos que, con el tiempo y en grandes cantidades, pueden dañar el cerebro. Pero también aprenderás qué alimentos mejoran la salud general y el estado físico del cerebro, y descubrirás recetas sencillas y deliciosas que utilizan estos alimentos nutritivos. Estas orientaciones te ayudarán a tomar decisiones saludables y a no obsesionarte con lo que es bueno y lo que es malo.

Come alimentos reales e integrales

Como dice el reputado escritor y periodista Michael Pollan: «Come comida real». En otras palabras, no comas comida «falsa». Los alimentos naturales e integrales son superiores a los pseudoalimentos texturizados, aromatizados y con aditivos artificiales a los que se les han añadido algunos nutrientes. Abusar de alimentos envasados, edulcorantes artificiales y otros ingredientes nutricionalmente pobres no forma parte de una alimentación que estimule el cerebro.

Sé que la mayoría de las personas consumen algunos alimentos procesados. Y ahí podríamos entrar a debatir durante días sobre lo que es o no «procesado»: la salsa de tomate orgánica para pasta que se vende en frasco es, hasta cierto punto, procesada. Pero un plato de pasta congelada ya preparada y que contiene más de 30 ingredientes en la etiqueta es un plato mucho más procesado. Por tanto, elige siempre la opción más sencilla.

Llevar un diario de alimentos estimulantes para el cerebro

Antes de que puedas crear un plan de alimentación que estimule el cerebro, debes analizar lo bien o mal que lo estás haciendo. Para efectuarlo, durante cuatro días podrías llevar en un diario un registro de alimentos estimulantes para el cerebro. Puedes usar el modelo siguiente como ejemplo. Enumera todo lo que comes cada día y anota también la cantidad aproximada de cada alimento (pero no te molestes en pesar cada cosa que comes). Incluye también tentempiés, picoteos y bebidas.

Diario para una dieta de cuatro días

Día 1
Desayuno:
Tentempié matutino:
Almuerzo:
Merienda:
Cena:
Picoteo nocturno:
Bebidas:

Día 2
Desayuno:
Tentempié matutino:
Almuerzo:
Merienda:
Cena:
Picoteo nocturno:
Bebidas:

Día 3
Desayuno:
Tentempié matutino:
Almuerzo:
Merienda:
Cena:
Picoteo nocturno:
Bebidas:

Día 4
Desayuno:
Tentempié matutino:
Almuerzo:
Merienda:
Cena:
Picoteo nocturno:
Bebidas:

¿Cómo lo has hecho?

Echa un vistazo a tu diario de cuatro días. Descubrirás de dónde obtienes la mayor parte de tu energía. Intenta comer al menos cinco piezas de fruta y verdura al día.

Calcula tu puntuación de alimentos para el cerebro

1. Observa el primer día de tu diario de alimentación de cuatro días.
2. Añade 1 punto por cada porción de verdura o fruta que hayas comido.
3. Añade 1 punto por cada porción de pescado, aceite de oliva, semillas o nueces que hayas consumido.
4. Resta 1 punto por cada artículo frito o azucarado que hayas comido.
5. Resta 1 punto si hay más de dos artículos con un alto contenido en grasa.
6. Suma tu puntuación para ese día. Tu objetivo debe ser una puntuación positiva de al menos 2 o 3 puntos.
7. Repite los pasos del 1 al 6 durante los otros tres días de tu diario.
8. Suma los puntos de los cuatro días. Una puntuación positiva de 10 puntos es buena; cualquier puntuación inferior significa que hay margen de mejora.

Elegir buenos alimentos para tu cerebro

Si bien algunos alimentos tienen componentes buenos y malos, muchos tienen más de uno que de otro. Para tomar decisiones informadas, debes poder detectar alimentos que sean nutricionalmente inútiles o incluso potencialmente dañinos (en grandes cantidades). Esto requiere leer las etiquetas de los alimentos con cuidado y ceñirse a aquellos que no están muy procesados. Si se tarda mucho en leer una etiqueta, es probable que el alimento contenga demasiados ingredientes sintéticos.

Cuando prepares tus menús o salgas a comer fuera, observa detenidamente las siguientes dos listas para obtener orientaciones sobre qué alimentos evitar y cuáles preferir.

¿Sabías que...?

Sé constante

En una alimentación saludable, en ocasiones también hay lugar para alimentos divertidos e incluso bajos en nutrientes. Pero la única forma de asegurarte de que tu alimentación sea nutricionalmente sólida a largo plazo es tomar buenas decisiones de manera constante en el día a día.

Alimentos, bebidas y aditivos que dañan el cerebro

- **Alcohol:** el exceso de alcohol puede ser tóxico para las células cerebrales. Incluso con moderación, el alcohol produce sedación (actúa como un agente anestésico y ralentiza la transmisión de señales en el cerebro). El consumo excesivo puede aumentar el riesgo de muerte prematura. Si bien el consumo moderado de alcohol está bien para la mayoría de las personas, algunas no pueden tolerar una sola gota. Se ha demostrado que el abuso de alcohol conduce a un deterioro cerebral, tanto a corto como a largo plazo.

- **Alimentos cancerígenos:** se trata de alimentos que se sabe o se sospecha que pueden causar cáncer, como los alimentos carbonizados o quemados. Crean estrés oxidativo en el cuerpo y son susceptibles de activar ciertos procesos biológicos que podrían aumentar el riesgo de desarrollar cáncer.

- **Alimentos con alto contenido en azúcar y alimentos altamente refinados:** estos le dan al cerebro un subidón de azúcar y luego un gran bajón. Hacen que los niveles de azúcar en sangre se disparen y luego caigan en picado a medida que el cuerpo libera insulina. Esto provoca dificultad para concentrarse, cambios de humor, irritabilidad y pensamiento errático. Después de consumir estos alimentos a lo largo de su vida, algunas personas pueden terminar por desarrollar síndrome metabólico y/o diabetes.
- **Aspartamo:** este edulcorante artificial contiene metanol, un tipo de alcohol que el cuerpo puede metabolizar en formaldehído. Las cantidades son pequeñas, pero algunas personas pueden sentir que su estado anímico y mental cambian instantáneamente cuando ingieren aspartamo.
- **Colorantes y aditivos alimentarios:** algunas personas sienten que su atención y concentración se ven afectadas por los colorantes alimentarios, mientras que otras no. En los niños, se ha asociado la hiperactividad con ciertos aditivos alimentarios, como la tartrazina (E-102 o Amarillo 5) o los tintes azules, como el E-133 o Azul 1.
- **Exceso de ácidos grasos omega-6:** el cuerpo requiere una cantidad adecuada de ácidos grasos omega-6, que consumimos en carnes, en aceites de semillas como el de colza y el de maíz, y en muchos otros alimentos. Pero en la dieta occidental, nuestra ingesta de omega-6 a menudo supera con creces nuestra ingesta de omega-3. Esto puede aumentar la inflamación en el cuerpo y desplazar los omega-3 que realmente deberíamos obtener (de pescado graso, semillas de lino, aceite de borraja, etc.).
- **Grasas trans:** estas grasas se estructuran de manera diferente a las grasas naturales porque se crean a través de un proceso industrial llamado hidrogenación, que las endurece y las convierte en productos estables para su almacenamiento. Es mejor evitarlas o consumirlas mínimamente, porque para el cerebro no se comportan de la misma manera que las grasas saludables. También aumentan el riesgo de enfermedad cardiaca.

Alimentos y nutrientes que fortalecen el cerebro

- **Aceites saludables:** el cuerpo necesita ácidos grasos para tener energía, y los aceites saludables, como el de oliva virgen extra, el de cártamo, el de girasol, el de linaza y el de nuez, son fuentes buenas y seguras. El aceite de oliva virgen extra incluso tiene algunas propiedades antioxidantes.

- **Ácidos grasos omega-3:** estos ácidos grasos son esenciales para el cuerpo humano. Se encuentran de forma natural en pescados grasos, aceite de pescado, semillas de lino, aceite de linaza y carnes de pasto. Algunos alimentos están enriquecidos con ellos, incluidos los huevos puestos por gallinas alimentadas con una dieta que incluye semillas de lino.

- **Ajo y cebollas:** estos dos productos son maravillosos para el sistema vascular. Tienen propiedades anticoagulantes leves, lo que es bueno para la circulación, pero no te excedas en el consumo de ajo y cebolla si ya estás tomando medicamentos anticoagulantes.

- **Antioxidantes:** hay muchos alimentos que contienen estos importantes nutrientes que combaten los agentes nocivos. El brócoli, por ejemplo, tiene moléculas antioxidantes específicas que, cuando se metabolizan, protegen el cerebro. El té verde tiene un tipo de molécula que absorbe los radicales libres (electrones desparejados y compuestos químicos que los contienen), los cuales pueden alterar las células y el ADN celular. La miel natural también tiene compuestos que pueden desarrollar funciones antioxidantes en el cuerpo.

¿Sabías que...?

Elegir aceites saludables

Elige aceite de oliva virgen extra, aceite de cártamo, de girasol, de linaza o de nuez que hayan sido prensados en frío; esto significa que el aceite se ha extraído sin el uso de disolventes o calor, lo que conserva sus propiedades saludables. El aceite de oliva debe ser verdoso y sabroso, y puede verse un poco «turbio». Los aceites de cártamo, girasol, linaza y nuez deben almacenarse en un recipiente opaco (vidrio ámbar o plástico oscuro) que los proteja de la luz, la cual puede dañar los ácidos grasos.

- **Calabazas y pimientos rojos:** estas dos verduras contienen carotenoides, una clase de pigmentos que son excelentes fuentes de vitamina A y actúan como poderosos antioxidantes.
- **Canela:** esta especia tiene un sabor maravilloso, pero también contiene componentes que ayudan a regular el azúcar en sangre.
- **Carnes de pasto:** la carne procede de animales criados en pastos en lugar de granjas de engorde. Se alimentan libremente de pastos naturales en lugar de ser alimentados con grandes cantidades de maíz (con el objetivo de engordarlos para el matadero). La alimentación a base de pasto significa que la carne que producen tiene un alto contenido en ácidos grasos omega-3 saludables.
- **Cereales integrales:** proporcionan una fuente constante de energía para el cerebro. Los cereales integrales contienen vitamina B, que ayuda a las células a quemar carbohidratos en sus «hornos» metabólicos, las mitocondrias. El trigo integral, el amaranto, el arroz integral, la avena y la cebada son solo algunos deliciosos ejemplos.
- **Cúrcuma:** este rizoma se seca y se muele para conseguir el polvo amarillo brillante que es una de las bases del curry. Es conocido por sus efectos antiinflamatorios y anticancerígenos.
- **Frutas y verduras:** en general, las frutas y verduras son ricas en nutrientes. Contienen una variedad de moléculas que previenen el cáncer, así como antioxidantes y vitaminas clave.
- **Hongos medicinales:** ciertas variedades de hongos, como el *shiitake* y el *reishi* (*ling zhi*), estimulan el sistema inmunológico. También son deliciosos para cocinar.

¿Sabías que...?

Cuando compres en un gran supermercado, céntrate en los alimentos que se venden en todo el perímetro. Elige tus productos primero, luego la carne, luego los lácteos (¡no olvides el yogur!). La mayoría de los alimentos integrales se exhiben en las cabeceras de los pasillos, mientras que los interiores de los pasillos contienen todos los alimentos procesados y envasados que probablemente desees evitar.

- **Quinoa:** este supercereal, que en realidad es la semilla de una antigua planta pseudocereal, no contiene gluten. Tiene todos los atributos positivos de los cereales integrales, además de una excelente variedad de vitaminas.

- **Salvia:** se ha demostrado que esta hierba aromática y sabrosa mejora el entendimiento. Los aceites esenciales de la salvia pueden aumentar los niveles de acetilcolina, un neurotransmisor (una sustancia química involucrada en las señales cerebrales) que puede registrar niveles bajos en personas con enfermedades que envejecen el cerebro, como la enfermedad de Alzheimer.

Comprar alimentos para el cerebro

¿Dónde puedes comprar los mejores alimentos para desarrollar el cerebro? Realmente no importa, siempre y cuando los obtengas en una tienda que venda una amplia variedad de alimentos naturales e integrales, incluidas frutas frescas, verduras y cereales integrales. Es mejor si la tienda ofrece alimentos orgánicos y cultivados de manera convencional, y si vende carnes que han sido criadas en pastos.

Evidentemente, una tienda de comestibles de gama alta que ofrezca estos ingredientes es una opción excelente. Pero puede resultar caro y no es la única opción. Las cooperativas y comercios de alimentos disponen de productos locales que enfatizan los alimentos integrales, y la mayoría de las cadenas de supermercados ofrecen ahora algunas o muchas de estas opciones.

Principales consejos de compra

- **Lee la etiqueta:** si un alimento contiene docenas de ingredientes (especialmente los que son impronunciables), esta podría ser una buena razón para evitarlo. Omite los alimentos que parezcan provenir de una fábrica, no de un campo, o que contengan saborizantes y colorantes artificiales.

- **Compra alimentos integrales:** consume alimentos que estén lo más cerca posible de su estado natural.

- **Come orgánico:** así sabes que tus alimentos nunca han sido contaminados con pesticidas, herbicidas, antibióticos u otras sustancias innecesarias. Recuerda que, incluso siendo orgánico, debes lavarlo bien. Y asegúrate de cocinar la carne y los huevos a la temperatura adecuada para cerciorarte de que se elimine cualquier bacteria.

- **Compra productos locales:** el apoyo a la agricultura tradicional y local garantiza un suministro de alimentos seguro y saludable para las generaciones venideras. Si no puedes comprar productos locales, evita los alimentos producidos en lugares que hayan tenido problemas de calidad o seguridad. Esto no significa que los productos de otros países no puedan ser perfectamente recomendables, ni que cualquier alimento de un país «seguro» esté siempre libre de problemas.

Presupuesto de alimentos para el cerebro

Una forma práctica de tener una alimentación equilibrada que estimule el cerebro es planificarla de acuerdo con tu presupuesto. Así te aseguras de incluir una amplia variedad de nutrientes saludables y de mantenerte dentro de tus posibilidades.

Planifica un gasto de:

- 30% en frutas, verduras y especias.
- 20% en carne, huevos y pescado.
- 20% en cereales integrales (incluidos pan y pasta) y legumbres (frijoles, lentejas, etc.).
- 10% en yogur, queso, mantequilla y leche.
- 10% en aceites saludables, como aceite de oliva virgen extra.
- 10% en frutos secos, tentempiés saludables, chocolate, té, café y algún capricho goloso.

Una dieta antiinflamatoria

Un atleta que entrena muy duro pero que no nutre adecuadamente su cuerpo puede que no alcance sus objetivos. Lo mismo puede decirse de nuestro cerebro: sin una alimentación adecuada, es posible que no se beneficie tanto como podría de los ejercicios mentales. Para garantizar una buena «aptitud» cerebral, debes consumir una variedad de nutrientes esenciales todos los días. Así el cerebro funcionará correctamente.

Además, existe un factor importante que puede acelerar el deterioro neurológico y que es muy frecuente en nuestra sociedad. Ese factor es la inflamación, y las dietas modernas a menudo la promueven. En la parte 4 del libro exploramos la conexión entre la inflamación, el envejecimiento y la reparación neuronal, y cómo la inflamación puede afectar negativamente a la salud del cerebro. En esta sección descubriremos cómo una buena nutrición puede combatir este proceso dañino.

Preguntas frecuentes (FAQS)

P. ¿Qué hace que una dieta sea antiinflamatoria?

R. Para que una dieta tenga propiedades antiinflamatorias, debe poseer cinco características clave:

1. Minimizar los promotores y desencadenantes de la actividad inflamatoria. Por ejemplo, una alimentación antiinflamatoria incluiría solo trazas de ácidos grasos trans y excluiría casi todos los alimentos fritos y «quemados» (generalmente a la parrilla).

2. Mantener un equilibrio de nutrientes clave. Por ejemplo, equilibrar la ingesta de grasas saturadas frente a las insaturadas e incluir la proporción adecuada de ácidos grasos omega-3 insaturados y omega-6 (consulta la página 187).

3. Incluir sustancias de origen vegetal que reduzcan la inflamación. Aunque la inflamación es un proceso normal y continuo en el cuerpo, esencial para reparar los tejidos y combatir las infecciones, debe mantenerse bajo control. Estas sustancias vegetales pueden ayudarte a conseguirlo. Un excelente ejemplo son los curcuminoides que se encuentran en la cúrcuma.

4. Incluir micronutrientes que mantengan bajo control la inflamación y la actividad de los radicales libres relacionada con ello. Una buena opción es la vitamina C (también llamada ácido ascórbico), que combate ambos factores.

5. Suministrar energía constante y respetuosa con el cerebro. Los carbohidratos de liberación lenta (IG bajo) y las cantidades moderadas de proteínas son las mejores fuentes. Son mucho mejores para proporcionar combustible al cerebro que los alimentos con IG alto y los tentempiés y bebidas azucarados. Además, ayudan a controlar la inflamación.

Los macronutrientes que necesitas

Hay una pregunta recurrente que casi todo el mundo se hace: exactamente ¿cuántos de los tres grandes macronutrientes (carbohidratos, proteínas y grasas) necesitamos? La respuesta a esta pregunta ha ido cambiando a lo largo de los años.

Todos estos nutrientes se han convertido en los villanos de la película (consulta el recuadro de la página 182). Hoy en día, el debate sigue siendo intenso sobre qué porcentaje de calorías de la dieta debe provenir de los carbohidratos, las proteínas y las grasas. Lo que parece marcar la mayor diferencia en la mejora de nuestra la salud no es encontrar esta proporción mágica, sino la calidad de los alimentos que comemos.

¿Sabías que...?

No hay ningún número mágico

Necesitamos energía para vivir, y debe proceder de los macronutrientes. No existe una proporción o combinación mágica de los tres grandes nutrientes energéticos.

¿Sabías que...?

Cetonas

Cuando el cuerpo no puede obtener o producir suficiente glucosa para administrarla al cerebro y los músculos (por ejemplo, durante la diabetes no tratada, cuando el cuerpo no puede usar la glucosa que tiene debido a la acción deficiente de la insulina), el hígado produce compuestos llamados cetonas, que derivan de ácidos grasos. Las cetonas dan energía a los músculos y al cerebro, pero a niveles muy altos alteran el pH del cuerpo (lo hacen demasiado ácido). Esto puede presentar riesgos, especialmente para alguien que sufre diabetes no controlada u otro problema grave.

Carbohidratos

El cuerpo necesita carbohidratos para proporcionar glucosa al cerebro a fin de que pueda funcionar. No podemos sobrevivir sin incorporar algunos carbohidratos a nuestra alimentación. Cuando los limitas severamente, tu cuerpo almacena su energía en el hígado, porque el cerebro prefiere la glucosa como energía. Si se produce una restricción absoluta de carbohidratos, el cerebro puede usar cetonas para obtener energía, pero esto supone una carga para el cuerpo.

Formas de carbohidratos

Los carbohidratos no son un solo compuesto, sino un grupo de compuestos. Hay varios tipos muy diferentes de moléculas de azúcar y almidón que cuentan como carbohidratos en la alimentación:

- Monosacáridos, como la glucosa y la fructosa.
- Disacáridos, como la sacarosa y la lactosa.
- Polisacáridos, como el almidón (que el cuerpo digiere) y la fibra dietética (que el cuerpo no digiere).

Carbohidratos simples versus complejos

En general, los médicos, nutricionistas y otros profesionales del ámbito de la alimentación recomiendan que la mayoría de las calorías procedente de los carbohidratos sean obtenidas de fuentes de carbohidratos complejos. Esto proporciona un flujo constante de energía para el cerebro y es lo que menos estresa al sistema de insulina.

Los carbohidratos simples, como la mermelada con alto contenido en fructosa (que contiene glucosa y fructosa), generalmente son fáciles de digerir y absorber por el cuerpo (con algunas excepciones). En general, la glucosa que contienen ingresa al torrente sanguíneo muy rápidamente, lo que resulta en un veloz aumento del nivel de azúcar en sangre. Este pico de energía induce al páncreas a enviar un estallido de insulina para ayudar a que el azúcar penetre en los músculos o en las células grasas. Con el tiempo, esto puede provocar resistencia a la insulina (consulta el recuadro de la página 183).

Los carbohidratos complejos, como los cereales integrales, en general se digieren más lentamente y no provocan una secreción de insulina tan elevada como los carbohidratos simples. Los carbohidratos complejos los hallamos en muchas formas. Los médicos y nutricionistas tienden a alentar a los pacientes a elegir granos enteros o sin refinar, como arroz integral y harina integral, en lugar de sus competidores blancos o refinados. Los cereales integrales contienen polifenoles y lignanos, que pueden tener un efecto reductor de la inflamación. Lo cierto es que la digestión más lenta de los cereales integrales y el hecho de que no provoquen grandes oleadas de insulina son útiles para mantener la inflamación bajo control.

Alimentos «villanos»

La industria de la alimentación pasa por ciclos. Por lo general, aproximadamente cada cinco años aparece un determinado tipo de alimento, nutriente o componente que hay que evitar. Un ejemplo actual es el gluten, un componente de la proteína de trigo (y otros cereales). Estos villanos de la comida ofrecen una interesante instantánea de la psicología de los alimentos. Viven allí donde confluyen la ciencia, el razonamiento clínico, el saber popular y la hipérbole de marketing.

La grasa es otro buen ejemplo histórico. Cuando se descubrieron vínculos entre la ingesta de grasas saturadas y las enfermedades cardiacas y el cáncer, se sacaron de contexto. Eso hizo que muchas personas siguieran dietas muy bajas en grasas aunque no lo necesitaran. Las sustituyeron por proteínas o carbohidratos, lo que creó nuevos problemas (consulta el subapartado «Carbohidratos», en la página 180). Si bien algunas personas necesitan reducir su ingesta total de grasas para proteger su salud cardiovascular, esto no es aplicable a todo el mundo. Y aunque demasiada grasa saturada podría promover algunas formas de cáncer y aumentar el riesgo de enfermedad cardiaca, ¡esa no es razón para dejar de consumir grasas por completo! Los ácidos grasos son vitales para el metabolismo y la producción de energía. Los ácidos grasos esenciales, como los omega-3 y omega-6, son componentes importantes de la alimentación y no deben evitarse.

Cuando la grasa era el gran villano en la década de 1980, los carbohidratos estaban muy bien vistos: se animaba a todos a comer muchos cereales en lugar de grasas. Luego, en las décadas de 1990 y 2000, se hizo evidente que la alta ingesta de carbohidratos estaba haciendo que las tasas de obesidad se dispararan (el azúcar y las harinas refinadas, como el pan blanco, fueron los principales culpables). Y de este modo los carbohidratos se convirtieron en el nuevo villano de la comida, mientras que las proteínas ascendieron al Olimpo de lo deseable.

Reducir los carbohidratos simples y los alimentos con almidón ofrece algunos beneficios a corto plazo. Cuando se consumen en exceso y se combinan con la inactividad física, promueven la inflamación y pueden causar resistencia a la insulina (consulta el recuadro de la página 183). Cuando las personas reducen su consumo de azúcar, comienzan a ver cambios beneficiosos en su nivel de azúcar en la sangre, algo que no resulta sorprendente si se considera el contenido en glucosa de un refresco azucarado o un par de dónuts glaseados para el desayuno.

Pero el consumo excesivo de proteínas también tiene sus problemas. Cuando eliminas la mayoría de los alimentos ricos en carbohidratos de la dieta y comes mucha carne, lácteos y grasas, estás disfrutando de alimentos que están por debajo de la escala IG (consulta la página 166), que pueden ayudar a mantener bajo control el nivel de azúcar en la sangre pero que también pueden estresar las vías metabólicas de algunas personas. Entre otros problemas, un consumo muy alto de proteínas crea una gran cantidad de amoniaco que el cuerpo necesita para desintoxicarse. En resumen: ningún alimento es perfecto y la variedad es la clave para una buena salud.

A principios del siglo xx, los médicos y los nutricionistas observaron que los pacientes que dependían en gran medida de los carbohidratos refinados (como el azúcar y la harina blanca) estaban menos saludables. Resultó que los mismos nutrientes necesarios para metabolizar estas sustancias faltaban o estaban reducidos en los alimentos refinados. A medida que se metabolizan, estos alimentos consumen más vitaminas del complejo B y oligoelementos de los que aportan. Si sigues una dieta variada que contenga un amplio abanico de alimentos integrales, tu cuerpo puede tolerar cierta cantidad de alimentos altamente refinados. Sin embargo, grandes cantidades de carbohidratos simples sencillamente eliminan alternativas más nutritivas.

Preguntas frecuentes (FAQS)

P. ¿Qué son los cereales integrales?

R. Los cereales integrales contienen todos los componentes del grano: el salvado, el germen y el endospermo. Cuando los granos se refinan, el salvado y el germen nutritivo se eliminan, junto con los nutrientes, la fibra y los antioxidantes que contienen. Si bien algunas harinas refinadas están enriquecidas con nutrientes, como tiamina (vitamina B1), riboflavina (vitamina B2) y niacina (vitamina B3), todavía les faltan muchos nutrientes importantes que se eliminaron durante su procesamiento.

¿Sabías que...?

Resistencia a la insulina

Se cree que los altos niveles de insulina de carácter crónico están relacionados con el desarrollo gradual de la obesidad. Con el tiempo, los tejidos musculares acaban por estar demasiado bien abastecidos de glucosa, por lo que dejan de prestar atención a esas explosiones de insulina. Desafortunadamente, esto conduce a una liberación de insulina más agresiva del páncreas, en un intento de hacer frente a la sobreabundancia de glucosa en la sangre. Esta afección se denomina resistencia a la insulina y, en algunas personas, puede provocar diabetes.

Proteínas

Los aminoácidos son los componentes básicos de las proteínas. El cuerpo digiere estos compuestos de los alimentos que comemos, luego nuestras células ensamblan los aminoácidos en una variedad de proteínas que hacen funcionar nuestros órganos y habilitan funciones importantes, como las respuestas del sistema inmunológico y la transmisión nerviosa. Las células del cerebro deben producir proteínas especiales llamadas neurotransmisores, que transportan una señal desde una célula del cerebro, la médula espinal o un nervio a otra célula.

Una vez que las células han usado su cuota de proteína, cualquier exceso se descompone y se convierte en energía. El cuerpo está perdiendo proteínas constantemente, gracias a la renovación de las células de la piel, la renovación de las superficies mucosas y las secreciones digestivas. Y ciertos acontecimientos de la vida, como el embarazo, el crecimiento acelerado en los niños y la recuperación de lesiones, hacen que el cuerpo requiera mayores niveles de proteínas.

Todo esto significa que nuestra alimentación debe contener siempre fuentes adecuadas de proteínas. Las proteínas no deberían ser nuestra principal fuente de energía, pero tener en cantidad suficiente ayuda a evitar que consumamos carbohidratos en exceso.

Grasas

La grasa es esencial para la construcción de las membranas celulares y es la fuente de energía más rica que puede absorber el cuerpo. Algunas grasas refuerzan los procesos de sanación, mientras que otras contribuyen a los procesos patológicos.

Existen diferentes tipos de grasas, que son solo formas distintas de ácidos grasos. Algunas consisten en cadenas largas de ácidos grasos (con 16, 18 o más unidades de carbono) y otras consisten en cadenas cortas de ácidos grasos (como el ácido butírico, presente en la mantequilla, que contiene solo tres unidades de carbono).

El cuerpo almacena estos ácidos grasos para usarlos como combustible. A veces están presentes en los alimentos en forma de triglicéridos, compuestos por tres ácidos grasos adheridos a una molécula llamada glicerol. Un triglicérido es la forma en que el cuerpo deposita grasa en la despensa: allí espera pacientemente hasta que necesita ser liberada para satisfacer las necesidades energéticas del cuerpo.

Grasas saturadas versus insaturadas

Las grasas saturadas contienen enlaces de carbono que están completamente saturados de hidrógeno, por lo que a menudo son sólidos a temperatura ambiente. Este tipo de grasa puede ser perjudicial para el organismo cuando se consume en grandes cantidades. Los alimentos de origen animal, como la carne y los productos lácteos, tienen un alto contenido en grasas saturadas. En general, los médicos y nutricionistas siguen las recomendaciones de las principales autoridades nutricionales y aconsejan a los pacientes que restrinjan la cantidad de grasas saturadas en sus dietas. Algunas grasas saturadas (como las de la carne) contienen altas cantidades de ácido araquidónico. Aunque el ácido araquidónico es un ácido graso esencial, es fundamental en el proceso inflamatorio, por lo que debe consumirse solo con moderación.

En la otra cara de la moneda están las grasas insaturadas: grasas monoinsaturadas y grasas poliinsaturadas, que son líquidas a temperatura ambiente. Ambas parecen reducir el colesterol en sangre, lo que disminuye el riesgo de enfermedad vascular (de los vasos sanguíneos).

Preguntas frecuentes (FAQS)

P. Entonces, ¿las grasas son buenas o malas?

R. La grasa es esencial para la vida y las grasas saludables son muy buenas para ti. Lo que es malo para ti es el consumo excesivo de alimentos ricos en grasas y en especial de aquellos que contienen grasas no saludables (como las grasas trans), que pueden provocar obesidad, colesterol elevado, aterosclerosis, enfermedades cardiacas, derrames cerebrales, cálculos biliares y muchos otros problemas de salud. Y no se necesita demasiada grasa para proporcionar muchas calorías. Por ejemplo, incluso después de cocinarla, la carne picada obtiene más de la mitad de sus calorías de la grasa. Otro ejemplo de alimento rico en grasas es el queso: más del 70% de su contenido energético proviene de la grasa. Puedes incorporar raciones comedidas de grasa en tu alimentación, pero es aconsejable no excederse. Y recuerda que la calidad de la grasa que consumes es tan importante como la cantidad.

Las grasas monoinsaturadas poseen un enlace carbono-carbono insaturado, mientras que las grasas poliinsaturadas poseen varios enlaces dobles entre los átomos de carbono. Debido a sus dobles enlaces, las grasas poliinsaturadas son más susceptibles que las grasas monoinsaturadas de ser atacadas por el oxígeno, que reacciona muy fácilmente con otros compuestos químicos (lo que le sucede a la manzana o al aguacate al pelarlos son ejemplos de oxidación). Sin embargo, hay menos probabilidades de que las grasas poliinsaturadas provoquen la acumulación de placas grasas en las arterias en comparación con las grasas saturadas, que pueden contribuir a la incidencia de ataques cardiacos y accidentes cerebrovasculares.

¿Sabías que...?

Prostaglandinas

Las prostaglandinas se descubrieron por primera vez en las glándulas prostáticas de las ovejas. De ahí procede su nombre.

Las grasas monoinsaturadas se encuentran en el aguacate, el cacahuete y las aceitunas (y también en sus respectivos aceites). Los ácidos grasos poliinsaturados, que incluyen los ácidos grasos esenciales que se describen a continuación, se encuentran en frutos secos, semillas, maíz, soja y pescado (y sus aceites respectivos, además del de cártamo).

Cocinar con aceites saludables

Los ácidos grasos poliinsaturados se dañan con el calor. Por lo tanto, es mejor evitar cocinar a altas temperaturas con aceites poliinsaturados, en especial con aceites más delicados como el de linaza. Cuando se calienta, el aceite de linaza se vuelve amargo y rancio. (Curiosamente, los ácidos grasos presentes en las semillas de lino pueden sobrevivir a temperaturas más altas, como cuando las semillas se hornean en galletas o pan. Solo cuando se extrae el aceite, los ácidos grasos se vuelven vulnerables.) El mejor aceite para cocinar es el de oliva (un aceite monoinsaturado), pero aun así nunca debe calentarse hasta el punto de que humee.

Ácidos grasos esenciales

Algunas grasas poliinsaturadas se denominan ácidos grasos esenciales (AGE) porque no pueden sintetizarse a partir de otros ácidos grasos del cuerpo y deben consumirse a través de los alimentos. Desempeñan un papel fundamental en la creación de prostaglandinas, los mensajeros químicos que ejercen control sobre la actividad inflamatoria, el tono de los vasos sanguíneos (lo tensos o relajados que se hallan) y la coagulación. Las prostaglandinas influyen en el funcionamiento de tejidos corporales específicos y juegan un papel importante en el control de la inflamación en todo el cuerpo.

Los ácidos grasos esenciales son de dos tipos: omega-3 y omega-6. *Omega* se refiere a un detalle estructural de estos ácidos grasos, es decir, dónde se encuentra uno de los dobles enlaces en la molécula. *Omega-3* significa que el doble enlace comienza en el tercer átomo de carbono desde el final de la cadena de carbono (los átomos de carbono son la columna vertebral del ácido graso). Un ácido graso omega-6 tiene el primer doble enlace en el sexto átomo de carbono desde el final. Este detalle marca la diferencia en la manera en que lo usa el cuerpo. Algunos tipos de ácidos grasos omega-3 y omega-6 se consideran esenciales y ayudan a formar prostaglandinas y otras moléculas similares.

- **Los ácidos grasos omega-3** ayudan a reducir la inflamación y también favorecen la labor de las plaquetas o la formación de coágulos. Los ácidos grasos omega-3 esenciales incluyen el ácido alfa-linolénico (ALA), que se encuentra en los frutos secos, las semillas de lino y las semillas de cáñamo, el ácido docosahexaenoico (DHA) y el ácido eicosapentaenoico (EPA), estos dos últimos presentes en los pescados grasos, como el salmón, los arenques y las sardinas.

- **Los ácidos grasos omega-6** son importantes para la producción de energía. El ácido linoleico (que se encuentra en muchas fuentes, incluidos los aceites de maíz, soja, girasol y onagra) se puede convertir en moléculas especiales que actúan como interruptores para la inflamación, la coagulación de la sangre y otras acciones que son importantes para curar heridas y mejorar nuestra respuesta general a las lesiones. En el lado negativo, el ácido araquidónico (AA), que el cuerpo puede producir a partir del ácido linoleico y que también se encuentra en las grasas animales, tiende a provocar inflamación cuando se consume en exceso y cuando nuestra alimentación carece de una ingesta suficiente de omega-3. Nuestro cuerpo usa ácido araquidónico para producir mensajeros químicos que desencadenan más inflamación.

Necesitamos tanto los omega-3 como los omega-6, pero hay un problema: la dieta moderna está muy desequilibrada en lo que respecta a las proporciones de estas grasas. Muchos animales herbívoros consumen más omega-3 que 6. Los seres humanos, cuando crecen con una alimentación natural propia de cazadores-recolectores, consumen grandes cantidades de ácidos grasos omega-3. Por desgracia, los humanos modernos que siguen una dieta occidental a menudo consumen cantidades mucho más altas de omega-6 que de omega-3. Es probable que este desequilibrio promueva la inflamación y cause enfermedades. Una proporción saludable entre ácidos grasos omega-6 y ácidos grasos omega-3 debe estar entre 10:1 y 6:1. La proporción más baja (6:1) es deseable para las personas que padecen enfermedades inflamatorias y que desean reducir la inflamación.

¿Sabías que...?

Elige prensado en frío

Muchos aceites vegetales naturales contienen ácidos grasos esenciales, siempre que no se hayan procesado en exceso. Es mejor elegir aceites prensados en frío que no hayan sido refinados.

Ácidos grasos trans

Los ácidos grasos trans parten de la misma fórmula química que los ácidos grasos normales, pero a través de un proceso de fabricación (llamado hidrogenación) se altera la orientación de sus átomos de hidrógeno (alrededor de un doble enlace carbono-carbono). En términos sencillos esto significa que las grasas trans se producen a partir de los mismos elementos químicos que la grasa normal, pero están unidas de una manera ligeramente diferente.

Las grasas trans se encuentran en pequeñas cantidades en la naturaleza. Pero la mayoría se crean mediante la hidrogenación de aceites; estos ácidos grasos están presentes en muchos tipos de margarina, mantecas vegetales y aceites de freidora. En el caso de la margarina y la manteca, el objetivo del proceso de hidrogenación es obtener un producto más estable a temperatura ambiente; en el caso de los aceites de freidora, el producto hidrogenado es más resistente al calor.

¿Sabías que...?

Cuidado con el mercurio

Ciertos peces depredadores, como el atún y el pez espada, pueden acumular mercurio en sus cuerpos mientras se alimentan de peces que se encuentran más abajo en la cadena alimentaria. Estos tipos de pescado deben consumirse con moderación, no más de una vez a la semana y nunca durante el embarazo. Algunos suplementos de aceite de pescado están purificados, filtrados y se garantiza que no contienen mercurio, pero hay que ser un consumidor inteligente: no todos los suplementos de aceite de pescado son iguales. Verifica qué certificaciones tiene el fabricante.

El cambio químico que sufren las grasas trans tiene un gran impacto en lo que hacen esas grasas dentro del cuerpo una vez que se consumen. Las grasas trans pueden ser peligrosas: promueven la inflamación, se incorporan a las estructuras cerebrales y se han relacionado con un mayor riesgo de enfermedad cardiovascular; también reemplazan las grasas presentes en las membranas celulares normales, lo que afecta a la fluidez de la membrana y las reacciones dentro de las células (las células del cerebro dependen de membranas celulares sanas para conducir señales eléctricas).

La buena noticia es que los alimentos se procesan cada vez más con aceites alternativos y se preparan comercialmente sin el uso de grasas trans. Pero aún vale la pena leer las etiquetas de los alimentos preparados. Ten en cuenta que si la cantidad de grasas trans es inferior a 0.5 gramos (por ejemplo, 0.4 gramos), el fabricante puede indicar el contenido como 0 gramos, así que observa si las «grasas hidrogenadas» aparecen en alguna parte de la lista de ingredientes.

Las grasas naturales son las mejores

Las grasas que no han sido modificadas químicamente son las más saludables para tu alimentación. Pero muchos aceites y grasas fácilmente

¿Sabías que...?

Aceite de palma: no siempre ecológico

En la industria actual existe una tendencia a sustituir las grasas trans por aceite de palma. Un factor que debe tenerse en cuenta es que muchas explotaciones de cultivo de palma en todo el mundo han sido construidas en tierras donde se han talado selvas tropicales. De modo que intenta buscar grasas sostenibles y ecológicas, si puedes.

disponibles no se procesan de manera que conserven sus nutrientes y te protejan de las enfermedades. Cuando se trata del tema de la grasa, conviene recurrir a la vieja escuela: si puedes producirla tú mismo, será más agradable para tu cuerpo que una grasa que requiere un equipo de ingenieros químicos para llevarla a los estantes del supermercado.

Aunque es bien sabido que los aceites vegetales con alto contenido en grasas poliinsaturadas, como el aceite de girasol, son susceptibles a la oxidación, a menudo pierden sus antioxidantes (como el betacaroteno y la vitamina E) durante el procesamiento. Como se mencionó anteriormente, no son muy buenos aceites para cocinar. Calentar estos aceites puede conducir a la formación de grasas trans y epóxidos. Los epóxidos son ácidos grasos dañados por el oxígeno que generan radicales libres en el cuerpo, lo que puede favorecer los procesos patológicos.

Los aceites prensados en frío son la mejor opción, porque para su extracción no se utilizan ni calor ni disolventes químicos. El aceite de oliva es rico en grasas monoinsaturadas; eso sí, compra solo aceite de oliva que sea virgen extra, a poder ser prensado en frío (que procede del

¿Sabías que...?

Mantener el aceite en la oscuridad

Los aceites prensados en frío, especialmente los que contienen una gran cantidad de grasas poliinsaturadas, siempre deben protegerse de la luz, ya que puede volverlos rancios. Guárdalos en la nevera y sácalos solo cuando los necesites. Descubrirás que dejar que se calienten a temperatura ambiente durante unos minutos antes de preparar la comida ayuda a que sean más líquidos.

primer prensado). El aceite de linaza, una fuente de ácido linoleico (un ácido graso omega-6) y ácido alfa-linolénico (un ácido graso omega-3), nunca debe usarse para cocinar: el calor lo vuelve rancio y no apto para el consumo.

Fibra dietética

La fibra dietética es otra necesidad nutricional. Se trata de una forma de carbohidrato no digerible que los humanos no pueden degradar enzimáticamente. Añade volumen a las heces y facilita el funcionamiento del colon. Encontrarás fibra en cereales integrales, frutas y verduras.

Fibra insoluble versus soluble

Probablemente ya sepas que la fibra es la amiga de tu cuerpo. Y cuanta más asimiles, mejor.

La fibra dietética se divide en dos tipos básicos: soluble e insoluble. La fibra insoluble incluye celulosa y hemicelulosa, dos componentes de las paredes celulares de las plantas. Este tipo de fibra ayuda a que las heces circulen más fácilmente a través de los intestinos. Obtendrás fibra insoluble si consumes salvado, harinas integrales (como la de trigo integral), repollo, guisantes, frijoles y tubérculos.

La fibra soluble está compuesta de polisacáridos no estructurales e incluye pectinas, gomas y mucílagos. Todos estos impresionantes compuestos tienen algo en común: pueden absorber agua y formar geles. Esto aumenta el volumen de las heces, lo cual es vital para que el intestino funcione correctamente. Las pectinas se encuentran en manzanas, frutas cítricas, zanahorias, boniatos y plátanos. Las gomas y los mucílagos se encuentran en la avena, los frijoles secos y otras legumbres.

¿Sabías que...?

Agua y fibra

El agua ayuda a que la fibra aumente el volumen de las heces para que puedan circular fácilmente. Asegúrate de beber mucha agua, especialmente cuando esté aumentando tu ingesta de fibra. Y recuerda que la mejor fibra proviene de alimentos integrales, no de suplementos.

Preguntas frecuentes (FAQS)

P. ¿La fibra soluble reduce el colesterol?

R. Sí, lo hace. La fibra soluble se une al colesterol en el intestino, por lo que termina eliminándolo del cuerpo y reduciendo los niveles de colesterol en sangre. También ralentiza el vaciado gástrico, un término elegante para describir la rapidez con la que la comida pasa por el estómago. Esto es beneficioso para las personas con intolerancia a la glucosa (como las que tienen diabetes), porque hace que la absorción de glucosa en el torrente sanguíneo sea más gradual.

¿Sabías que...?

Más beneficios de la fibra

La fibra también puede beneficiar al colon de otra manera. Las bacterias del colon fermentan la fibra y rompen los eslabones de las cadenas de celulosa. Los productos finales de este festín de fibras bacterianas son los ácidos grasos de cadena corta, como el butirato y el acetato. Estas moléculas son una fuente de energía importante para las células de la mucosa del colon. Cuando aumenta tu ingesta de fibra, tu intestino disfruta de este beneficio secundario.

Cuándo aumentar la ingesta de fibra

Hay muy buenas razones para aumentar la ingesta de fibra. Cuando consumes alimentos con alto contenido en fibra, puedes reducir la ingesta de alimentos y lograr o mantener un peso saludable. (La obesidad es poco común en poblaciones donde la alimentación es alta en fibra.) Esto puede deberse a que la fibra es relativamente baja en calorías o a que aumenta la sensación de saciedad cuando se come. Una advertencia: la fibra puede unirse a ciertos minerales esenciales en el intestino, como el zinc, y eliminarlos. Sin embargo, si sigues una dieta variada que contenga muchos alimentos ricos en minerales, esto no debe preocuparte demasiado.

Actualmente consumimos mucha menos fibra que nuestros antepasados, gracias en parte al cambio de los cereales integrales a los refinados. Pero es una situación fácil de remediar, porque puedes obtener toda la fibra que necesitas si comes alimentos integrales (sobre todo cereales integrales), frutas y verduras.

La fibra combate las enfermedades

Los estudios epidemiológicos han demostrado que la fibra protege contra la enfermedad diverticular y el cáncer de colon. En la diverticulosis, se desarrollan pequeñas bolsas llamadas divertículos a lo largo de las paredes intestinales como resultado del estreñimiento crónico y el esfuerzo durante la defecación. La presión hace que se abulten y pueden inflamarse e infectarse. La fibra disminuye la presión sobre ellos y puede ayudar a prevenir enfermedades. El cáncer de colon puede ocurrir cuando los carcinógenos permanecen en contacto prolongado con el intestino. Al aumentar la ingesta de fibra, previenes el estreñimiento y, por lo tanto, reduces la cantidad de tiempo que las toxinas permanecen en el intestino.

Cuándo reducir la ingesta de fibra

En algunas personas, es necesario reducir la fibra. Este es el caso de la gente que padece la enfermedad de Crohn, que puede estrechar segmentos del intestino. La fibra pulposa no digerida puede quedar atrapada en estos conductos estrechos y provocar una obstrucción intestinal. Cualquier enfermedad que implique una obstrucción parcial del tracto gastrointestinal puede requerir que se reduzca la ingesta de fibra (y que se eviten en especial las semillas enteras o los copos grandes de salvado). Como la mayoría de las cosas, la fibra no es una solución única para todos.

Frutas y verduras

Las frutas y las verduras son muy bajas en grasas y ricas en fibra dietética, por lo que se recomiendan en la mayoría de las dietas. Además, aportan micronutrientes como vitaminas y minerales, que el organismo necesita para digerir y absorber los macronutrientes.

La forma y la cantidad de frutas y verduras que consumes se pueden ajustar para satisfacer tus necesidades. Las personas con crecimiento excesivo de levadura intestinal (como cándidas en el intestino) o diabetes mal controlada no deben comer una cantidad excesiva de fruta, ya que contiene demasiado azúcar para ellos. Las verduras son más fáciles de digerir cuando se cocinan, lo que puede ser recomendable para algunas personas, mientras que otras se beneficiarán de los efectos de limpieza intestinal de las verduras crudas. Experimenta y observa qué funciona para tu cuerpo.

Agua

A menudo las personas necesitan que las animen a aumentar su ingesta de agua. La mayoría de nosotros simplemente no bebemos lo suficiente y muchas circunstancias pueden hacer que necesitemos más agua de lo que creemos. Además, la sensación de sed no siempre nos llega en el momento en que más necesitamos hidratarnos. No debes interpretar que tienes las necesidades de agua de tu cuerpo satisfechas solo porque no tengas sed.

Una mayor ingesta de fibra, especialmente en forma de suplemento, requiere una mayor ingesta de agua. Los niveles elevados de ejercicio o sudoración pueden provocar deshidratación; es necesario aumentar la ingesta de agua para reponer el agua perdida por el sudor. El uso de laxantes o diuréticos, incluido el café, también puede aumentar tus necesidades de agua.

Entonces, ¿qué debes beber? El agua filtrada o de manantial es ideal. El agua destilada es buena para la plancha de la ropa, pero no

¿Sabías que...?

Cuanta más proteína, más agua

Las personas que consumen grandes cantidades de proteínas deben estar adecuadamente hidratadas para eliminar los desechos nitrogenados que aquellas producen cuando se digieren. Si no es así, sus riñones experimentarán un estrés excesivo. Tenlo especialmente en cuenta si sigues una dieta alta en proteínas para bajar peso. Si bien estas dietas pueden funcionar para algunas personas, no son adecuadas para todo el mundo.

Preguntas frecuentes (FAQS)

P. ¿Cuánta agua debo beber al día?

R. Consume al menos 8 vasos (2 l) de agua al día; 12 vasos (3 l) es incluso mejor. No es necesario más que eso, y cantidades superiores pueden ser dañinas. (Nota: si eres un atleta de alto rendimiento, vives en un clima muy cálido o eres nuevo en un clima cálido, tus necesidades de agua pueden ser mayores. Háblalo con un médico.) La mayoría de las personas no beben suficiente agua simplemente porque no tienen desarrollado el hábito de hacerlo. Si tienes una fuente de agua potable cerca durante todo el día, no tendrás dificultades para satisfacer tus necesidades.

para las personas, porque carece de minerales. Beber agua destilada durante periodos prolongados puede crear un desequilibrio mineral en el cuerpo.

Vitaminas

Las dietas bajas en alimentos integrales y altas en alimentos procesados pueden ser deficientes en ciertas vitaminas. Aunque algunos cereales procesados se «enriquecen» para agregar algunas de las vitaminas que se perdieron en su procesamiento, en general los alimentos con almidón o esencialmente sintéticos son ricos en calorías y pobres en vitaminas.

Las opciones nutricionales recomendadas en este libro cubren una amplia variedad de alimentos, muchos de ellos sin procesar o mínimamente procesados, que es la clave para asegurar una buena ingesta de vitaminas. La suplementación con un multivitamínico o con vitaminas específicas puede ayudar, pero las fuentes alimenticias de vitaminas son la mejor opción.

Minerales

Cuando las personas llevan una dieta repleta de alimentos muy procesados, pueden sufrir carencia de minerales clave, en particular hierro, calcio, magnesio y zinc. Por ejemplo, muchas mujeres tienen ingestas de calcio y hierro que están por debajo de la cantidad diaria recomendable. Esto las puede dejar indefensas ante la osteoporosis o la anemia microcítica.

Además, en algunas zonas los alimentos se cultivan en suelos pobres en minerales, como en aquellos campos en los que se ha cultivado en exceso. Esto puede comportar que los alimentos que produzcan estos campos tengan menos minerales. En algunos casos, comer estos alimentos puede causar déficit de minerales que el cuerpo necesita en cantidades más pequeñas, como el selenio y el cromo.

Para evitar la carencia de minerales en la dieta, los médicos y nutricionistas a menudo recomiendan que se coman alimentos ecológicos. La agricultura ecológica (u orgánica) utiliza métodos que conservan los nutrientes y protegen el suelo, lo que asegura que los minerales que contiene se mantengan o repongan. Además, mientras que en algunas tierras agrícolas la capa superior del suelo (donde se produce el crecimiento real) es mucho más delgada de lo que solía ser, las buenas prácticas ecológicas ayudan a conservar este importante medio de cultivo.

El suelo es una matriz orgánica viva de materia vegetal y microorganismos. Si bien los alimentos cultivados con el uso de fertilizantes químicos, pesticidas, herbicidas y fungicidas pueden ser nutritivos, los alimentos producidos de forma ecológica no son tan duros para la tierra y pueden ser más completos nutricionalmente. Los cultivos crecen cuando se los alimenta (literalmente) con toneladas de fertilizante, pero estos fertilizantes son solo nitrógeno, fósforo y potasio: carecen de los otros minerales traza que requiere el suelo (y nuestros cuerpos).

¿Sabías que...?

Comer productos locales

Es posible que no puedas permitirte consumir alimentos ecológicos en cada comida, pero intenta añadir alimentos producidos de forma orgánica a tu carro de la compra con la mayor frecuencia posible. Y aún mejor si los alimentos que compras son de proximidad. Al apoyar la producción local, te garantizas un suministro constante de alimentos seguros y saludables.

Por qué son tan importantes los alimentos sostenibles

El cultivo excesivo degrada la cantidad de nutrientes presentes en la capa superior del suelo, por lo que las explotaciones agrícolas intensivas deben compensar esta degradación con el uso de cantidades masivas de fertilizantes. La fabricación y aplicación de fertilizantes depende en gran medida de los combustibles fósiles, y estos fertilizantes terminan contaminando lagos, ríos, pozos e incluso mares. Nuestro moderno suministro de alimentos también depende en gran medida de la tecnología de las granjas industriales y de los sistemas de transporte eficientes e ignora los ciclos naturales de los cultivos, todo lo cual es ecológicamente insostenible.

Cada vez más, los alimentos se importan de países muy lejanos para satisfacer la demanda de los consumidores de ingredientes exóticos o fuera de temporada. En las tiendas de comestibles, durante todo el año encontramos frutas y verduras de gran tamaño y lustrosas que proceden de lugares lejanos. Los alimentos (exóticos o no) que son transportados desde largas distancias pierden gran parte de su contenido en nutrientes, lo que los hace menos nutritivos que las opciones orgánicas similares cultivadas cerca de tu localidad.

Los alimentos producidos mediante prácticas agrícolas sostenibles y vendidos en los mercados locales no solo enriquecen tu dieta sino que también ayudan a apoyar a las comunidades agrícolas locales. Las decisiones que tomas como consumidor influyen directamente en el suministro de alimentos. Elegir lo local conduce a opciones más sostenibles, ahora y para las generaciones futuras.

Poder antioxidante

Los antioxidantes son sustancias protectoras clave para el cuerpo: neutralizan los radicales libres (también llamados especies de oxígeno reactivo) y protegen a todos los componentes celulares, incluido el ADN y las membranas celulares. El estrés oxidativo causado por los radicales libres puede promover enfermedades cardiacas y cáncer, por lo que los antioxidantes juegan un papel vital en su prevención.

Nuestras células fabrican algunos antioxidantes muy poderosos por sí mismos, pero podemos mejorar su acción si incorporamos antioxidantes en nuestra dieta (muy presentes en frutas y verduras). Cuando uno de nuestros antioxidantes de fabricación propia se «gasta» para absorber un radical libre, el cuerpo usa antioxidantes dietéticos útiles, como la vitamina C, para «reciclarlo» y poder usarlo nuevamente.

Una dieta puede cumplir con la ingesta diaria recomendada de todos los nutrientes y aun así carecer de algunos de los excelentes antioxidantes derivados de las plantas, una de las razones por las que los expertos en nutrición enfatizan cada vez más la necesidad de comer muchas frutas y verduras.

Preguntas frecuentes (FAQS)

P. ¿Qué antioxidantes debo incorporar a mi dieta?

R. La luteína, el licopeno, las proantocianidinas, los carotenoides, los tocoferoles, los polifenoles y el ácido ascórbico (vitamina C) son moléculas antioxidantes que se encuentran en una amplia variedad de alimentos, como tomates, zanahorias, pimientos morrones, nueces, semillas, té verde y negro, bayas, cerezas y frutas cítricas. Algunas investigaciones muestran que los productos orgánicos pueden ser más ricos en algunos de los antioxidantes flavonoides y posiblemente en los oligoelementos que apoyan las acciones antioxidantes en el cuerpo, pero ciertos productos no orgánicos pueden, de hecho, ser tan ricos en nutrientes como los orgánicos. Entonces, ¿qué hacen estos nutrientes? Uno que quizá te resulte familiar, o del que quizá hayas oído hablar, es el licopeno, que se encuentra en los tomates y en los productos derivados del tomate. Es un importante carotenoide o pigmento vegetal beneficioso para el plasma y otros tejidos corporales. Se ha demostrado que una ingesta adecuada de licopeno reduce el riesgo de cáncer y enfermedades cardiacas. El betacaroteno, un carotenoide que da a las zanahorias su tono anaranjado, se ha relacionado con la prevención de enfermedades cardiacas. Desafortunadamente, como antioxidante se ha desempeñado de manera inconsistente por sí solo, pero eso podría deberse a que, en la naturaleza, a menudo un solo alimento contiene una mezcla de carotenoides, y las combinaciones de carotenoides son mucho más efectivas. Esto simplemente refuerza el mensaje de que lo que nuestros cuerpos necesitan son alimentos reales e integrales, no moléculas de alimentos aisladas.

Alimentos fermentados

Muchas culturas incluyen algún tipo de alimento fermentado en su dieta, y aquellos de nosotros que no comemos alimentos fermentados nos estamos perdiendo una gran cantidad de bacterias beneficiosas para los intestinos. Hay billones de bacterias en nuestro intestino, que pueden influir en nuestros genes y posiblemente en nuestro riesgo de padecer algunas enfermedades (como el párkinson).

La investigación en esta área aún se está desarrollando, pero está claro que deberíamos comer estos alimentos tan beneficiosos. Sobre todo porque ayudan a mantener un equilibrio bacteriano y viral saludable en el intestino: al mantener a raya a los «malos», reducen o previenen la inflamación que surge de tener nuestro sistema inmunológico activado por bacterias intestinales que podrían amenazar al cuerpo.

A continuación te recomiendo algunos alimentos fermentados para probar:

- **El yogur de cultivo activo** contiene *Lactobacillus acidophilus* vivo y otras bacterias que se encuentran en el tracto digestivo humano sano de forma natural. Coexisten con otros tipos de microflora y controlan las bacterias agresivas. También producen nutrientes importantes, como la vitamina K, en el intestino. El yogur también aporta un poco de proteína.

- ***Kimchi*** es el nombre genérico de las verduras en escabeche coreanas. Los tipos más populares están hechos de col y rábanos, chiles picantes, ajo y sal. Proporcionan bacterias saludables al intestino, y el *kimchi* a base de col también es una fuente de vitamina C.

- **El miso** es una pasta japonesa que se usa como condimento, elaborada a base de soja molida y fermentada, sal y cebada (o arroz). Ofrece muchas bacterias saludables, proteínas y un gusto sabroso.

- **El chucrut** es un plato alemán que se prepara salando y fermentando col en rodajas. Tiene un olor extraño pero un sabor maravilloso, ligeramente dulce y picante. Está repleto de fibra y bacterias probióticas saludables.

- **El *tempeh*** es una hamburguesa prensada de soja fermentada. Se puede cortar en rodajas y utilizar como fuente de proteínas en salteados y muchos otros platos. Tiene un sabor parecido al de la nuez y es una fuente completa de proteína vegetariana.

La mecánica de la digestión

Los alimentos deben digerirse bien para que el cuerpo absorba los nutrientes correctamente. Muchas personas están demasiado ocupadas en realizar múltiples tareas como para masticar sus alimentos como es debido, lo que reduce automáticamente el porcentaje de nutrientes digeribles en esos alimentos. Las enzimas digestivas deben poder penetrar en las partículas de alimentos; si estas son demasiado grandes, las enzimas no pueden hacer su trabajo de manera tan eficiente. Del mismo modo, comer bajo presión emocional o con prisa puede provocar un deterioro de la función digestiva. Las hormonas del estrés disminuyen automáticamente el funcionamiento del tracto gastrointestinal, desviando la sangre a los músculos periféricos.

La principal consecuencia de la mala digestión y la mala absorción de nutrientes es que el cuerpo se ve privado de las cosas que necesita para funcionar bien. Por ejemplo, la mala absorción de grasas conduce al déficit de vitaminas liposolubles. La mala absorción de proteínas puede provocar desgaste muscular y disfunción del sistema inmunológico. La clave es maximizar tus poderes digestivos para cada tipo de macronutriente que consumes.

Ayudas digestivas

Puedes tomar suplementos de enzimas digestivas si no tienes un suministro natural suficiente. Las proteasas, lipasas y amilasas (enzimas que descomponen las proteínas, las grasas y el almidón, respectivamente) vienen en forma de píldora. El ácido clorhídrico también se puede administrar como suplemento para ayudar al estómago a hacer su trabajo; sin embargo, esta opción no se recomienda a personas que tienen inflamada o ulcerada la mucosa gástrica (las membranas mucosas que recubren el estómago).

Los suplementos de lactasa (para digerir la lactosa) se encuentran más fácilmente en las farmacias. También los suplementos de amilasa, que descomponen el almidón de las legumbres. Cuando este almidón no se digiere de forma correcta, puede fermentar en el colon y provocar flatulencias.

Macronutrientes y digestión

- **La grasa es la sustancia más difícil de digerir.** La bilis actúa como una especie de detergente en los alimentos ingeridos, lo que hace que la grasa que contienen se micelice o forme pequeños grupos (micelas) de moléculas de grasa. Luego, las enzimas descomponen estas partículas más pequeñas para que el cuerpo pueda absorberlas. Las personas a las que se les ha extirpado la vesícula biliar no tienen la reserva de bilis que necesitan para emulsionar las grasas.
- **El ácido del estómago activa la digestión de proteínas.** El ácido clorhídrico del estómago hidroliza las proteínas y comienza a descomponerlas. Muchos pacientes mayores de 60 años no producen suficiente ácido estomacal. Otros reducen el ácido del estómago tomando medicamentos para la acidez o la indigestión.
- **La digestión de carbohidratos comienza de inmediato.** La amilasa salival, una enzima presente en la boca, comienza a descomponer los carbohidratos de inmediato. La digestión continúa en el intestino delgado con la amilasa pancreática, otra enzima. La disacaridasa, una enzima presente en la superficie intestinal, divide la sacarosa, la lactosa y la maltosa (que son disacáridos) en monosacáridos más simples para la digestión. Otra enzima importante para la digestión de carbohidratos es la lactasa, que descompone la lactosa, un tipo de azúcar presente en los productos lácteos. Las personas que carecen de esta enzima tienen intolerancia a la lactosa.

Elegir alimentos digeribles

Los alimentos con un contenido excesivamente alto en grasas pueden afectar a la digestión. Los alimentos ricos en proteínas, como el gluten de trigo, también pueden representar un problema digestivo para algunas personas. Y aunque el estado de salud de una persona suele ser el responsable de estos escenarios, algunos alimentos son mejores que otros en este sentido. Por ejemplo, ciertas personas dependen de sus barritas de proteína para pasar el día. Algunas de estas barritas tienen una textura superpegajosa, lo que dificulta que se disuelvan en el estómago. Las barritas también se tratan térmicamente para aumentar su vida útil, lo que desnaturaliza sus proteínas y las hace aún menos biodisponibles.

Maximizar los valores de los nutrientes

Aunque el proceso de envasado, de cocción y otros similares pueden reducir el valor nutritivo de un alimento, este se puede evaluar fácilmente desde un punto de vista médico. Durante años se ha recopilado información detallada sobre el valor nutricional de los alimentos, y gran parte de esa información está disponible en línea. Con solo unos pocos clics o un par de deslizamientos en tu tableta, puedes descubrir las diferencias nutricionales entre una patata hervida y una frita, o el contenido en hierro de una hamburguesa de 90 g frente a un bistec del mismo peso.

El valor nutricional de un alimento se puede determinar por el nivel de un solo nutriente o por una combinación de ellos. Un alimento puede considerarse nutritivo incluso si tiene un alto contenido en pocos nutrientes. Por ejemplo, las frutas contienen altos niveles de vitamina C y algunas moléculas vegetales beneficiosas, como la fibra, pero no son buenas fuentes de proteínas. ¿Siguen siendo alimentos nutritivos? ¡Evidentemente! Asimismo, la pechuga de pollo es una buena fuente de proteínas, pero no tiene un alto contenido en vitaminas A o C. Pero aun así se considera nutritiva.

¿Sabías que...?

Nuestros antepasados también comían variado

La lección que aprendemos al comparar los valores de los alimentos es que consumir una variedad de estos conduce a una alimentación más nutritiva. Nuestros antepasados recolectaban y cazaban muchos alimentos diferentes, por lo que no debería sorprendernos que los humanos modernos conserven un fuerte sentido de curiosidad e interés por una amplia gama de alimentos. Cuando llenas tu plato con diferentes colores, texturas y sabores, puedes implementar fácilmente este principio nutricional básico.

Preguntas frecuentes (FAQS)

P. ¿Cómo obtengo todos los nutrientes que necesito?

R. Comer alimentos variados es la mejor manera de asegurarte el consumo de una amplia gama de valiosos nutrientes. Al comer muchos alimentos diferentes que contienen diferentes cantidades de macro y micronutrientes, lograrás el equilibrio: los alimentos que tienen un alto contenido en ciertos nutrientes compensarán otros que posean un contenido más bajo en estos, y viceversa. Asegúrate de seguir una dieta que contenga una combinación de proteínas, grasas y carbohidratos. Si comes muchos alimentos integrales diferentes y no conviertes ningún alimento o categoría de nutrientes en un «villano» (consulta la página 182), tu cuerpo obtendrá la nutrición que necesita.

Combinar alimentos

Comer alimentos con alto valor nutritivo en combinaciones específicas tiene sentido. Los médicos y nutricionistas siempre tratan de tener en cuenta este principio al planificar la dieta de un paciente. Algunos alimentos son ricos en varios nutrientes diferentes, mientras que otros son ricos en un solo nutriente importante.

Cuando combinas alimentos, combinas sus puntos fuertes y sus diferentes componentes. Por ejemplo, cuando comes legumbres con cereales (como pita y hummus de garbanzos, o soja y arroz), consumes el espectro completo de aminoácidos esenciales. No obtendrías ese beneficio con solo uno de esos elementos. Otro ejemplo: los cereales integrales no son ricos en vitamina C, pero hay verduras, como los pimientos morrones, y muchas frutas que sí lo son; combínalos y obtendrás una buena selección de los nutrientes que tu cuerpo necesita.

Evitar el «desplazamiento»

Un ser humano puede ingerir y digerir una cantidad limitada al día. Si principalmente se consumen alimentos llenos de azúcares simples, almidones o grasas trans, estos terminarán por desplazar a los alimentos más nutritivos. Del mismo modo, es posible que alguien que coma demasiado de un solo alimento o grupo de alimentos no incluya suficientes nutrientes esenciales en su dieta.

Otro ejemplo: los niños que se nutren de productos lácteos no dejan espacio para frutas y verduras, que contienen zinc, vitamina C y fibra, necesarios para sus cuerpos en crecimiento. Un ejemplo más extremo son los niños que comen cantidades excesivas de alimentos procesados y fritos, como pizzas congeladas, bollería industrial, *nuggets* de pollo empanados, etc. Estos alimentos acaban por desplazar a las verduras, frutas, nueces, semillas, fuentes más saludables de proteínas y alimentos ricos en fibra. Cuantos más alimentos con bajo valor nutricional consumen las personas, menos oportunidades tienen de obtener todos los nutrientes que necesitan.

¿Sabías que...?

Eres único

Recuerda que tu cuerpo es único. Sus necesidades de nutrientes son diferentes de las de los demás. En algunos casos, tu cuerpo puede demandar uno o varios nutrientes determinados distintos a los del promedio de la población. Consulta con profesionales de la salud sobre cuáles podrían ser tus necesidades.

Evitar las toxinas externas

Todos los alimentos pueden contener sustancias tóxicas que tu cuerpo debe descomponer y eliminar. No puedes controlar todos y cada uno de los factores a la hora de elegir alimentos, pero puedes investigar y elegir alimentos que estén libres de toxinas externas. En caso de estar expuesto, también puedes añadir alimentos *detox* a tu dieta, como verduras crucíferas (coliflor y coles de Bruselas), té verde, cúrcuma o romero.

La agricultura convencional moderna hace un uso extensivo de pesticidas y herbicidas para reducir el daño a los cultivos. Estos productos químicos imponen grandes esfuerzos a los sistemas de desintoxicación del cuerpo. Tanto los plásticos utilizados para el almacenamiento (consulta la página 205) como los contaminantes ambientales o los pesticidas pueden desregular el sistema hormonal del cuerpo.

Otro tema a considerar es el origen de tu comida. En esta era global, los alimentos de todo el mundo terminan en tu supermercado. Las leyes sobre el uso de plaguicidas son más liberales en algunos países que en otros y los plaguicidas prohibidos también se siguen utilizando en algunos lugares. La degradación ambiental y la contaminación de los alimentos por metales pesados también pueden ser fuentes involuntarias de toxicidad. Un ejemplo reciente son los productos de piscifactoría exportados por China a otros países, que presentaban un alto contenido en metales pesados y antibióticos que no están permitidos en otros países.

Alergias e intolerancias alimentarias

Muchas enfermedades son el resultado de respuestas inflamatorias sistémicas a alergias o intolerancias alimentarias. Por ejemplo, los médicos y nutricionistas a menudo explican que a los niños con otitis media crónica (infección del oído medio) se les introdujeron los lácteos, los cereales y la carne en sus dietas antes de los 6 meses de edad. Por ello, estos niños son más propensos a desarrollar sensibilidad inmunológica a los alimentos. Y esta predisposición se extiende más allá de los alimentos que ingirieron durante su primer desarrollo. Estos niños también parecen más propensos a las alergias en la edad adulta. La introducción demasiado temprana de ciertos alimentos parece prepararlos para toda una vida de sensibilidad alimentaria.

Preguntas frecuentes (FAQS)

P. ¿Debo evitar los alimentos envasados con plástico?

R. Lo cierto es que los plásticos pueden liberar sustancias nocivas en los alimentos. Tanto el tipo de plástico como el tiempo de almacenamiento pueden influir en ello. Con los alimentos enlatados ocurre algo parecido, ya que muchos poseen un revestimiento de plástico que puede filtrar sustancias químicas en los alimentos y aumentar el nivel de bisfenol A (un disruptor endocrino) en la sangre.

El campo de la inmunología comenzó su andadura a principios de la década de 1960. Desde entonces, cada año ha registrado una incidencia mayor que el anterior de enfermedades alérgicas en los niños, especialmente asma y dermatitis atópica. Las tasas actuales de estas enfermedades son tres veces más altas que en 1960. Esta tendencia se ha vuelto común en los países desarrollados, y más acusada en los más ricos. También ha tenido un impacto enorme en la atención médica: el tratamiento del asma por sí solo es una industria multimillonaria.

Preguntas frecuentes (FAQS)

P. ¿Cómo puedo saber si tengo alergias o intolerancias alimentarias específicas?

R. Cada persona tiene un perfil único de tolerancia a los alimentos y algunas presentan reacciones inmunes a alimentos específicos. Los análisis de sangre, como el ensayo de inmunoabsorción ligado a enzimas (ELISA), pueden ayudar a detectar los niveles de los anticuerpos inmunoglobulina E (IgE) e inmunoglobulina G (IgG) en relación con diferentes alimentos. Esto puede decirte qué evitar o limitar en tu dieta.

Intolerancias alimentarias comunes:

- Productos lácteos (lactosa)
- Cereales (gluten)
- Productos de maíz
- Productos cárnicos
- Cítricos
- Soja

PARTE 6

Alimentos para el cerebro. Planes de menús y recetas

Guía para usar los planes de menús

Los planes de menús bisemanales de las páginas 208-211 ofrecen muchos alimentos que refuerzan la actividad cerebral y disminuyen otros que, con el tiempo, podrían provocar un efecto adverso. Se pone énfasis en los alimentos vegetales e integrales, y no se priorizan los alimentos procesados.

Los planes de alimentación son una guía, no una prescripción. Siéntete libre de elegir las comidas y recetas saludables, de este libro o de tu colección personal, que mejor se adapten a tus gustos. Una vez que hayas adaptado los planes de menús a tu gusto, busca las recetas que piensas preparar durante la semana siguiente. Hazte una lista de la compra basada en las recetas y los planes de menús.

En la medida de lo posible, intenta comer con otras personas, ya que la interacción humana estimula el cerebro. Si no tienes a nadie con quien comer, invita a tus amigos. O crea un club de cenas o almuerzos rotativos. Haz que la hora de la comida sea estimulante en lugar de solo una forma de obtener calorías.

PLAN DE MENÚS DE LA SEMANA 1

	Lunes	Martes	Miércoles
Desayuno	Granola energética* ¾ de taza (175 ml) de leche baja en grasa o leche de almendras o de arroz ⅓ de taza (75 ml) de compota de manzana ecológica	Cereal especiado de frutas y semillas* ⅓ de taza (75 ml) de arándanos ½ taza (125 ml) de yogur natural sin azúcar	Granola energética* 1 plátano ½ taza (125 ml) de yogur natural sin endulzar ¾ de taza (175 ml) de leche ecológica baja en grasa o leche de almendras o de arroz fortificado
Tentempié matutino	*Muffin* de arándanos y nueces*	Chips de manzana y canela*	*Muffin* de arándanos y nueces*
Comida	Ensalada de quinoa*	Ensalada de cuscús con albahaca y piñones*	Enchiladas de brócoli y quinoa*
Merienda	Cóctel de frutos secos*	3 cucharadas (45 ml) de almendras tostadas	Cóctel de frutos secos*
Cena	Pollo al ajillo* Sopa de calabaza asada con mantequilla de salvia*	*Risotto* de langostinos con corazones de alcachofa y parmesano*	Pastel de carne con relleno cremoso de maíz* Ensalada de todos los días*
Tentempié nocturno	1 naranja	Zumo de cerezas*	1 pera

* La receta está en este libro; a menos que se indique lo contrario, la cantidad es una ración.

Jueves	Viernes	Sábado	Domingo
Cereal especiado de frutas y semillas* ½ taza (125 ml) de fresas ½ taza (125 ml) de yogur natural sin azúcar ¾ de taza (175 ml) de zumo de uva (morado, sin clarificar)	Granola energética* ¾ de taza (175 ml) de leche ecológica baja en grasa o leche de almendras o de arroz ¾ de taza (175 ml) de zumo de uva (morado, sin clarificar)	Gofres de nuez y lino* ⅓ de taza (75 ml) de arándanos ½ taza (125 ml) de yogur natural sin azúcar ¾ de taza (175 ml) de zumo de uva (morado, sin clarificar)	*Frittata* de salvia y champiñones * ¾ de taza (175 ml) de leche ecológica baja en grasa o leche de almendras o de arroz
Chips de manzana y canela*	*Muffin* de arándanos y nueces*	Superbatido antioxidante*	*C-Blitz**
Pollo al curri rojo con guisantes y anacardos*	Sopa de salmón*	Tostadas cremosas de champiñones y nueces*	Arroz caldoso con azafrán*
3 cucharadas (45 ml) de almendras tostadas	8 a 10 palitos de zanahoria 60 g de queso bajo en grasa	8 a 10 palitos de zanahoria 60 g de queso bajo en grasa	Remolacha resbaladiza*
Pastel de queso y verduras con salsa de tomate y limón*	Pasta integral con langostinos y verduras* Pimientos asados*	Ternera suiza picante* Calabacín relleno* Ensalada de espinacas con naranja y champiñones*	Ternera con naranja y jengibre* Ensalada *caprese**
⅓ de taza (75 ml) de arándanos	⅓ de taza (75 ml) de arándanos	*Cupcake* de chocolate con chile*	*Mousse* de chocolate negro*

PLAN DE MENÚS DE LA SEMANA 2

	Lunes	Martes	Miércoles
Desayuno	Mezcla de cereales calientes* ½ taza (125 ml) de yogur natural sin azúcar ¾ de taza (175 ml) de zumo de uva (morado, sin clarificar)	*Wraps* con aguacate y huevo* ½ taza (125 ml) de yogur natural sin azúcar ¾ de taza (175 ml) de leche ecológica baja en grasa o leche de almendras o de arroz	Mezcla de cereales calientes* ½ taza (125 ml) de yogur natural sin azúcar ¾ de taza (175 ml) de zumo de uva (morado, sin clarificar)
Tentempié matutino	*Muffin* de dátiles y nueces*	Chips de manzana y canela*	60 g de queso bajo en grasa ½ taza (125 ml) de melocotones en rodajas
Comida	Crema de brócoli*	Tabulé*	Chili con tres tipos de alubias*
Merienda	3 cucharadas (45 ml) de mantequilla de anacardo 6 galletas de arroz	*Chunky* guacamole* 10 nachos de maíz	3 cucharadas (45 ml) de mantequilla de anacardo 6 galletas de arroz
Cena	Pastel de carne a la pimienta con quinoa* Ensalada de todos los días*	Pollo a las tres especias con patatas* Ensalada de remolacha asada y hojas de remolacha*	*Pad thai** Col rizada/kale salteada*
Tentempié nocturno	Zumo de cerezas*	1 manzana	*C-Blitz**

* La receta está en este libro; a menos que se indique lo contrario, la cantidad es una ración.

Jueves	Viernes	Sábado	Domingo
Porridge de avena con arándanos y quinoa* Un poco de mantequilla ¾ de taza (175 ml) de leche ecológica baja en grasa o leche de almendras o de arroz	*Porridge* de avena con arándanos y quinoa* Un poco de mantequilla ¾ de taza (175 ml) de zumo de uva (morado, sin clarificar)	Tortitas caseras* ½ taza (125 ml) de yogur natural sin azúcar ¾ de taza (175 ml) de zumo de uva (morado, sin clarificar)	Tomate concentrado y queso Asiago* ⅓ de taza (75 ml) de compota de manzana ecológica ¾ de taza (175 ml) de zumo de naranja recién exprimido
Muffin de dátiles y nueces*	60 g de queso bajo en grasa ½ taza (125 ml) de melocotones en rodajas	Superbatido antioxidante*	*C-Blitz**
Quiche de espinacas y tomate*	Minestrone*	Sándwich de ensalada de salmón con manzana y jengibre*	Mezcla tibia de atún*
Chunky guacamole* 10 nachos de maíz	3 cucharadas (45 ml) de mantequilla de anacardo 6 galletas de arroz	Zumo de soporte celular *	*Dunk* de diente de león*
Cerdo a la parrilla con hierba limón* Ensalada de zanahoria y brócoli con arándanos y semillas de girasol*	Ternera con brócoli* Ensalada de col, mandarina y arándanos con nueces y pasas*	Tayín de cordero con garbanzos y albaricoques* Sopa de calabaza marroquí* Ensalada Waldorf con canela *	Pechugas de pollo al romero con boniato y cebolla* *Antipasto* de pimientos asados*
1 melocotón	1 manzana	*Mousse* de chocolate negro *	Batido verde energético*

Cocinar recetas de comida para el cerebro

Cocinar es una experiencia mental, física y sensorial, por lo que el acto de cocinar es un buen ejercicio para el cerebro, mejor que calentar en el microondas una comida congelada o pedir comida para llevar. Los alimentos para el cerebro (especialmente las recetas de este libro) son deliciosos, por lo que las recompensas se duplican: aumentan tus poderes mentales y disfrutas de los placeres sensoriales de ingerir comidas sabrosas. Intenta cocinar todos los días, incluso si todo lo que te apetece preparar es una receta simple o dos como máximo. Para algunos platos, como guisos, pollo entero asado o sopas, cocinar una mayor cantidad es fácil, práctico y excelente para esos días en que no se tienen ganas de encender los fogones.

Las recetas de este libro dan resultados maravillosos. No solo garantizan que disfrutarás comiendo bien, sino que también aprenderás algunas técnicas nuevas durante el proceso. A medida que perfecciones nuevas habilidades y sepas qué alimentos te gustan, es posible que de vez en cuando intentes crear tus propias recetas saludables. Sobre todo, disfruta del proceso de cocción y de la buena salud que aporta.

Los 12 mejores consejos para la cocina

1. Utiliza utensilios de cocina de acero inoxidable. Las superficies antiadherentes pueden liberar sustancias químicas no deseadas en los alimentos. La excepción es el hierro fundido, que puede desarrollar una capa antiadherente natural si la sartén se embadurna adecuadamente con aceite de cocina normal.

2. No quemes tu comida. El consumo de alimentos carbonizados o quemados crea estrés por radicales libres en el cuerpo y puede activar enzimas que posibiliten el aumento del riesgo de padecer cáncer.

3. No hiervas las verduras a menos que estés haciendo una sopa y planees incluir el caldo que preparas. Cocinar al vapor es una mejor opción para conservar las vitaminas y los minerales.

4. Enjuaga los granos enteros antes de cocinarlos y desecha esa agua. Puede contener fitatos, compuestos naturales que afectan a los minerales necesarios de la dieta.

5. Utiliza ingredientes frescos y evita los «entrantes» preparados y demasiado salados como base de tus recetas.

6. No cocines ni almacenes alimentos en plástico, ya que se pueden liberar compuestos en los alimentos (especialmente en aquellos que contienen grasas) que pueden alterar el sistema endocrino. Usa recipientes de cerámica o vidrio para almacenar las sobras.

7. Si usas el microondas para recalentar platos, emplea utensilios de cocina de vidrio o cerámica sin esmaltar. Recuerda que el microondas es mejor para recalentar, no para cocinar desde cero. (¡Por favor, no destruyas las saludables verduras al calentarlas en el microondas!)

8. No sobrecalientes los aceites. Cuando un aceite alcanza su punto de humo, es una señal de que los ácidos grasos que lo componen se están oxidando o, por decirlo de otra manera, volviéndose rancios.

9. No cocines con aceites poliinsaturados, como el de maíz o el de colza. Son muy susceptibles a los daños causados por el calor, la luz y el oxígeno. Para cocinar, usa aceite de oliva o mantequilla, y cocínalos a la temperatura más baja que puedas.

10. Evita los utensilios de cocina de aluminio. Cuando los alimentos ácidos, como la salsa de tomate, se cocinan en aluminio, el metal se filtra y se convierte en parte del plato. El aluminio puede provocar estrés oxidativo en el tejido cerebral. Aunque las cantidades dietéticas normales de aluminio son tolerables, ¿por qué aumentar la carga sobre el cerebro?

11. Descongela, cocina y almacena los alimentos a la temperatura adecuada. Es una buena regla para todos los alimentos, pero en especial para las carnes y los productos lácteos. Evita dejar alimentos fuera durante periodos prolongados y sigue las pautas de seguridad establecidas para evitar la contaminación cruzada.

12. No sobrecalientes los alimentos. Los nutrientes delicados, como los ácidos grasos omega-3 y los antioxidantes, pueden dañarse con el calor.

Acerca del análisis de nutrientes

El análisis de nutrientes realizado en las recetas de este libro ha sido posible gracias al ***software*** Food Processor SQL Nutrition Analysis, versión 10.9, de ESHA Research (2011). Dicho análisis se ha complementado utilizando la base de datos de nutrientes del USDA (Departamento de Agricultura de Estados Unidos).

Las recetas se han evaluado de la siguiente manera:

- Se ha utilizado la mayor cantidad de raciones cuando se da un rango.
- Cuando se dan alternativas, se ha empleado el primer ingrediente y la primera cantidad indicada.
- No se incluyen ingredientes opcionales ni ingredientes que no están cuantificados.
- Los cálculos se basan en medidas y pesos estándares.
- Los valores de los nutrientes se han redondeado al número entero más cercano para calorías, grasas, carbohidratos, proteínas, vitamina C, vitamina D, vitamina E, niacina, ácido fólico y selenio.
- Los valores de los nutrientes se han redondeado a un decimal para la vitamina B6, vitamina B12 y zinc.
- Se ha utilizado la menor cantidad de un ingrediente cuando se proporciona un rango.
- Se ha utilizado caldo reducido en sodio, leche al 1%, mayonesa ligera y crema agria ligera cuando estos ingredientes se enumeran como caldo, leche, mayonesa y crema agria.
- Los cálculos que incluyen carnes y aves utilizan porciones magras.
- Puede utilizarse aceite de colza donde no se especifique el tipo de grasa.
- Las recetas se han analizado antes de cocinarlas.

Es importante tener en cuenta que el método de cocción utilizado para preparar la receta puede alterar el contenido de nutrientes por ración, al igual que las sustituciones de ingredientes y las diferencias entre las marcas de ciertos productos.

Desayuno

Granola energética

Esta receta proporciona una fuente constante de energía al comienzo del día o como refrigerio. Los cereales integrales son una excelente manera de mantener un nivel de azúcar en sangre uniforme, y esta es una forma deliciosa y conveniente de obtener algunas semillas integrales a primera hora de la mañana.

Para aproximadamente 3½ tazas (875 ml)

Consejo

Busca paquetes de semillas de lino molidas, que pueden estar etiquetadas como «harina de linaza», o usa un molinillo de especias o café para moler semillas de lino enteras hasta obtener un resultado muy fino.

- **Precalienta el horno a 150 °C.**
- **Bandeja para hornear grande con borde, forrada con papel sulfurizado.**

2 tazas de copos de avena en hojuelas grandes (a la antigua) 500 ml
½ taza de nueces pecanas picadas 125 ml
⅓ de taza de semillas de lino molidas (harina de linaza) 75 ml
2 cucharaditas de canela molida 10 ml
½ taza de zumo de manzana sin azúcar 125 ml
½ taza de sirope de arroz integral o miel líquida 125 ml
1 cucharada de aceite vegetal 15 ml
2 cucharaditas de extracto de vainilla 10 ml
½ taza de arándanos secos, arándanos rojos o cerezas 125 ml

1. En un bol grande, mezcla la avena, las nueces, las semillas de lino y la canela.
2. En un bol mediano, mezcla el zumo de manzana, el jarabe de arroz integral, el aceite y la vainilla hasta que estén totalmente integrados.
3. Añade la mezcla de zumo de manzana a la de avena, y remueve hasta que esté bien cubierta. Extiende la mezcla en una sola capa sobre una bandeja para hornear.
4. Cocina en el horno precalentado durante 20 a 25 minutos o hasta que la avena esté dorada. Deja enfriar completamente.
5. Introduce la granola en un recipiente hermético y añade los arándanos. Guarda a temperatura ambiente durante 2 semanas.

▸ Un consejo saludable

Los frutos secos son una gran fuente de antioxidantes. Algunos de los mejores que proporciona la naturaleza, las semillas de lino y las nueces, tienen ácidos grasos omega-3 que estimulan el cerebro, y la canela ayuda a regular el azúcar en la sangre. ¡Esta receta es lo más!

Nutrientes por ¼ de taza (60 ml)	
Calorías	204
Grasas	7 g
Hidratos de carbono	31 g
Proteínas	5 g
Vitamina C	0 mg
Vitamina D	0 UI
Vitamina E	0 mg
Niacina	0 mg
Folato	16 µg
Vitamina B6	0,1 mg
Vitamina B12	0 µg
Zinc	0,2 mg
Selenio	1 µg

Cereal especiado de frutas y semillas

Hace siglos, en las guerras se peleaba por las especias, y cuando pruebes esta receta entenderás el porqué. Las especias nos dan un gran sabor, pero también brindan apoyo digestivo y beneficios para la salud.

Para 2 raciones

Consejo

Tuesta las mitades de nueces en una sartén a fuego lento, removiendo constantemente, durante 3 a 4 minutos o hasta que estén doradas. Pasa las nueces tostadas a un plato y deja enfriar antes de picarlas.

Nutrientes por ración	
Calorías	536
Grasas	14 g
Hidratos de carbono	89 g
Proteínas	19 g
Vitamina C	1 mg
Vitamina D	44 UI
Vitamina E	0 mg
Niacina	1 mg
Folato	37 µg
Vitamina B6	0,2 mg
Vitamina B12	0,4 µg
Zinc	2,6 mg
Selenio	7 µg

½ taza de quinoa, enjuagada 125 ml
⅛ de cucharadita de sal marina fina 0,5 ml
1 taza de agua 250 ml
¾ de taza de leche o de leche natural no láctea (como soja, almendra, arroz o cáñamo) 175 ml
½ taza de copos de avena en hojuelas grandes (a la antigua) 125 ml
3 cucharadas de higos o albaricoques secos picados 45 ml
2 cucharadas de semillas de lino molidas (harina de linaza) 30 ml
¼ de cucharadita de jengibre molido 1 ml
¼ de cucharadita de clavo molido 1 ml
2 cucharadas de nueces tostadas picadas 30 ml
2 cucharadas de miel líquida 30 ml

1. En una cacerola mediana, combina la quinoa, la sal, el agua y la leche. Lleva a ebullición a fuego medio-alto. Reduce el fuego, tapa y cocina lentamente durante 10 minutos.
2. Añade la avena, los higos, las semillas de lino, el jengibre y el clavo. Tapa y cocina a fuego lento durante 5 a 8 minutos o hasta que la mayor parte del líquido se absorba y la quinoa y la avena estén bien cocidas. Añade las nueces y rocía con la miel.

▸ Un consejo saludable

El jengibre contiene compuestos que son antiinflamatorios y mejoran la digestión y la salud del estómago, el clavo es una fuente de antioxidantes y las nueces son un alimento que ayuda al cerebro.

Mezcla de cereales calientes

El sabor, la textura y la simplicidad de los copos de avena, la fibra de salvado y la proteína de soja hacen de este desayuno una excelente manera de mantenerte en equilibrio.

Para 1 ración

Consejo

Para un desayuno saludable, sírvelo con nueces, fruta y leche o bebida de soja como acompañamiento. Disfrútalo con una taza de té de jengibre. Simplemente llena una taza apta para microondas con agua y añade dos rodajas finas de raíz de jengibre pelada. Calienta en el microondas a temperatura alta durante 2 minutos. Retira el jengibre y añade 1 cucharadita (5 ml) de miel líquida, si lo deseas.

Nutrientes por ración	
Calorías	137
Grasas	2 g
Hidratos de carbono	21 g
Proteínas	11 g
Vitamina C	0 mg
Vitamina D	0 UI
Vitamina E	1 mg
Niacina	2 mg
Folato	37 µg
Vitamina B6	0,2 mg
Vitamina B12	0 µg
Zinc	2,2 mg
Selenio	11 µg

2 cucharadas de copos de avena en hojuelas grandes (a la antigua) 30 ml
2 cucharadas de salvado de trigo 30 ml
1 cucharada de germen de trigo 15 ml
1 cucharada de bebida de soja en polvo 15 ml

1. En una taza pequeña apta para microondas, mezcla la avena, el salvado, el germen de trigo y la bebida de soja en polvo. Añade ½ taza (125 ml) de agua. Cocina en el microondas a temperatura alta durante 1 a 1:30 minutos o hasta que la avena esté tierna.

Variaciones

Añade nueces y/o frutas frescas o secas a tu gusto.

Añade bebida de soja fortificada o leche baja en grasa.

Endulza con azúcar moreno o jarabe de arce.

▸ Un consejo saludable

El germen de trigo es una excelente fuente natural de vitamina E, un gran antioxidante y con un particular interés para las personas con riesgo de demencia.

Esta receta es cortesía de David Shaikh.

Porridge de avena con arándanos y quinoa

Olvídate de las gachas aburridas y llenas de grumos: este plato te brindará un excelente comienzo del día con el impulso energético y proteico de la quinoa y un poco del dulzor natural y nutritivo de los arándanos y la miel o el jarabe de arce.

Para 6 personas

Consejo

Procura que la mezcla no hierva. Esto ayuda a garantizar que los granos se cocinen de manera uniforme y a evitar que se formen puntos calientes que pueden causar quemaduras.

Nutrientes por ración	
Calorías	135
Grasas	2 g
Hidratos de carbono	27 g
Proteínas	4 g
Vitamina C	0 mg
Vitamina D	0 UI
Vitamina E	2 mg
Niacina	1 mg
Folato	52 µg
Vitamina B6	0,1 mg
Vitamina B12	0 µg
Zinc	0,9 mg
Selenio	3 µg

3 tazas de agua 750 ml
1 taza de quinoa, enjuagada 250 ml
½ taza de arándanos rojos secos 125 ml
Jarabe de arce o miel
Leche o alternativa no láctea (opcional)

1. En una cacerola a fuego medio, hierve el agua. Añade la quinoa y los arándanos, y deja que vuelva a hervir. Reduce el fuego. Tapa y cocina a fuego lento hasta que la quinoa esté cocida (busca una línea blanca alrededor de las semillas), aproximadamente 15 minutos. Retira del fuego y deja reposar tapado unos 5 minutos. Sirve con jarabe de arce y leche o una alternativa no láctea (si lo deseas).

Variaciones

Sustituye los arándanos rojos por cerezas secas o pasas.

Usa quinoa roja para variar.

▸ Un consejo saludable

La quinoa contiene todos los aminoácidos esenciales y es una gran fuente de proteínas.

Wraps con aguacate y huevo

El aguacate es un alimento versátil que ha ganado popularidad. Este desayuno lo combina con el delicioso sabor del queso de cabra en lo que podría describirse como una tortilla de espinacas en un pan de pita.

Para 2 personas

Consejo

Los aguacates Hass (a veces llamados Haas) tienen la piel oscura con la pulpa brillante y mantecosa, y una vida útil más larga que otras variedades, lo que los convierte en los aguacates más populares. Para determinar si un aguacate Hass está maduro, busca una piel de color negro púrpura y presiona suavemente la parte superior; si está maduro, esta cederá ligeramente.

Nutrientes por ración	
Calorías	315
Grasas	20 g
Hidratos de carbono	22 g
Proteínas	14 g
Vitamina C	18 mg
Vitamina D	43 UI
Vitamina E	3 mg
Niacina	2 mg
Folato	157 µg
Vitamina B6	0,4 mg
Vitamina B12	0,5 µg
Zinc	1,5 mg
Selenio	23 µg

2 huevos grandes
2 claras de huevos grandes
Una pizca de sal marina fina
¼ de cucharadita de pimienta negra recién molida 1 ml
1 cucharadita de aceite de oliva virgen extra 5 ml
3 tazas de espinacas sueltas, picadas 750 ml
2 cucharaditas de agua 10 ml
2 tortillas de trigo integral de 15 cm, calientes
2 cucharadas de queso de cabra blando desmenuzado 30 ml
½ aguacate Hass maduro pequeño, en rodajas

1. En un bol pequeño, bate los huevos, las claras, la sal y la pimienta hasta que se mezclen.
2. En una sartén pequeña, calienta el aceite a fuego medio-alto. Añade las espinacas y el agua; cocina, removiendo, hasta que las hojas se ablanden. Reduce el fuego a medio. Vierte la mezcla de huevo sobre las espinacas. Cocina, removiendo suavemente con una espátula, durante 2 a 4 minutos o hasta que los huevos estén listos.
3. Coloca la mitad de la mezcla de huevo en el centro de cada tortilla de trigo tibia y espolvorea cada una con 1 cucharada (15 ml) de queso de cabra. Cubre con aguacate y dobla o enrolla.

▸ Un consejo saludable

El aguacate es rico en grasas saludables y aumenta la absorción de carotenoides, las grandes moléculas antioxidantes de las espinacas que les dan su color verde.

Frittata de salvia y champiñones

No falta sabor en este plato, con las chalotas, los champiñones y la salvia que dan vida a esta *frittata* llena de proteínas a base de tofu.

Salen de 6 a 8 porciones

Consejo

Puedes sustituir 1 cucharada (15 ml) de salvia fresca por 1 cucharadita (5 ml) de salvia seca.

- **Precalienta el horno a 180 °C.**
- **Sartén de hierro fundido u otra sartén resistente al horno.**
- **Procesador de alimentos.**

2 cucharadas de aceite de oliva 30 ml
500 g de champiñones, en rodajas
¼ de taza de chalotas en rodajas (aproximadamente 2 grandes) 60 ml
1 cucharada de margarina dura vegana 15 ml
1 cucharada de hojas de salvia frescas picadas (véase el consejo, a la izquierda) 15 ml
500 g de tofu firme, escurrido y desmenuzado
1 paquete (350 g) de tofu firme y sedoso
¼ de taza de leche de soja natural 60 ml
2 cucharadas de levadura nutricional 30 ml
1 cucharada de maicena 15 ml
¾ de cucharadita de cúrcuma molida 3 ml
¾ de cucharadita de sal 3 ml
½ cucharadita de pimienta negra recién molida 2 ml

1. Coloca la sartén a fuego medio-alto y deja que se caliente. Añade el aceite y cubre la sartén con él. Añade los champiñones y las chalotas. Reduce el fuego y cocina, removiendo, hasta que se ablanden y se doren ligeramente, de 6 a 8 minutos. Añade margarina, salvia y tofu firme y cocina, removiendo, durante 2 a 3 minutos para que los sabores se combinen. Retira del fuego y distribuye suavemente la mezcla de manera uniforme en la sartén.
2. En un procesador de alimentos, combina el tofu sedoso, la leche de soja, la levadura nutricional, la maicena, la cúrcuma, la sal y la pimienta, y procesa hasta que quede suave. Vierte la combinación de manera uniforme sobre la mezcla de verduras en la sartén, levantando suavemente y removiendo para combinar los ingredientes.
3. Cocina en el horno precalentado hasta que la superficie esté firme y dorada, de 25 a 30 minutos. Deja que la *frittata* se enfríe un poco, córtala en porciones y sirve.

Nutrientes de 1 de las 8 porciones

Calorías	192
Grasas	11 g
Hidratos de carbono	11 g
Proteínas	15 g
Vitamina C	1 mg
Vitamina D	14 UI
Vitamina E	1 mg
Niacina	9 mg
Folato	92 µg
Vitamina B6	0,2 mg
Vitamina B12	0,1 µg
Zinc	1,7 mg
Selenio	12 µg

▸ Un consejo saludable

La salvia es un alimento que estimula el cerebro y se ha demostrado que mejora la cognición.

Tomate concentrado y queso Asiago

Este es un plato más tradicional, con huevos y queso. Es sabroso, pero no graso, y tiene un aspecto mediterráneo por el ajo, la cebolla, el aceite de oliva y los tomates pera.

Salen de 4 a 6 raciones

Consejo

Si el pan está fresco, colócalo en una bandeja para hornear y tuéstalo en el horno a 180 °C durante 8 a 10 minutos o hasta que los bordes estén crujientes.

Variación

Sustituye la albahaca fresca por 2 cucharadas (30 ml) de perejil y añade 1 cucharadita (5 ml) de albahaca seca a las cebollas cuando cocines.

Nutrientes de 1 de las 6 raciones	
Calorías	403
Grasas	18 g
Hidratos de carbono	42 g
Proteínas	20 g
Vitamina C	11 mg
Vitamina D	34 UI
Vitamina E	2 mg
Niacina	4 mg
Folato	49 µg
Vitamina B6	0,2 mg
Vitamina B12	0,8 µg
Zinc	2,2 mg
Selenio	32 µg

- **Precalienta el horno a 180 °C.**
- **Fuente para hornear cuadrada de 20 cm, bien engrasada.**

2 cucharadas de aceite de oliva 30 ml
1 taza de cebolla morada picada 250 ml
2 dientes de ajo finamente picados
2 tazas de tomates pera picados (alrededor de 5 o 6) 500 ml
½ cucharadita de sal 2 ml
¼ de cucharadita de pimienta negra recién molida 1 ml
2 cucharadas de albahaca fresca picada 30 ml
6 tazas de pan duro en dados (picatostes) (véase el consejo, a la izquierda) 1,5 l
1½ taza de queso Asiago o Fontina rallado 375 ml
4 huevos grandes
1 taza de caldo de pollo o verduras listo para usar 250 ml

1. En una sartén antiadherente grande, calienta el aceite a fuego medio-alto. Cocina la cebolla y el ajo, removiendo, durante 2 minutos. Añade los tomates, la sal y la pimienta; cocina, removiendo con frecuencia, durante 5 minutos o hasta que los tomates parezcan una salsa. Añade la albahaca.
2. Coloca la mitad de los dados de pan en una fuente preparada para hornear. Cubre con la mitad de la mezcla de tomate y espolvorea con la mitad del queso. Cubre con el pan restante y la mezcla de tomate.
3. En un bol, bate los huevos con el caldo; vierte sobre la mezcla de pan. Espolvorea con el queso restante. Deja reposar durante 10 minutos para que el pan absorba la mezcla de huevo. (Este paso se puede preparar con un día de anticipación; cubrir y guardar en la nevera.)
4. Cocina en el horno precalentado durante 35 a 40 minutos (5 a 10 minutos más si se ha guardado en la nevera), hasta que la parte superior esté dorada y el centro esté firme cuando se pincha con un cuchillo. Sirve tibio o a temperatura ambiente.

▸ Un consejo saludable

Los tomates son una gran fuente de licopeno, una potente molécula antioxidante y protectora celular (que contribuye a la prevención del cáncer).

Tortitas caseras

Este plato es un sueño integral y no tiene nada que ver con las tortitas de harina blanca y de alto índice glucémico. Los sabores aquí provienen de la vainilla y del sabor a nuez natural de los granos.

Salen 7 tortitas

Consejo

Elige tu leche no láctea sin gluten favorita, como la leche de soja, arroz, almendras o avena, o, si puedes tolerar la lactosa, usa leche convencional al 1 %.

Nutrientes por tortita	
Calorías	139
Grasas	3 g
Hidratos de carbono	24 g
Proteínas	4 g
Vitamina C	0 mg
Vitamina D	21 UI
Vitamina E	1 mg
Niacina	1 mg
Folato	8 µg
Vitamina B6	0,1 mg
Vitamina B12	0,4 µg
Zinc	0,5 mg
Selenio	3 µg

½ taza de harina de sorgo 125 ml
½ taza de harina de arroz integral 125 ml
2 cucharadas de cáscara de *psyllium* 30 ml
1 cucharadita de levadura en polvo sin gluten 5 ml
¼ de cucharadita de bicarbonato de sodio 1 ml
¼ de cucharadita de sal 1 ml
1 huevo grande
1 taza de leche no láctea sin gluten fortificada o leche al 1 % 250 ml
1 cucharada de miel líquida, jarabe de arce puro o néctar de agave 15 ml
2 cucharaditas de aceite de semilla de uva 10 ml
1 cucharadita de extracto de vainilla 5 ml
Mantequilla o aceite de semilla de uva

1. En un bol grande, combina la harina de sorgo, la harina de arroz integral, el *psyllium*, la levadura en polvo, el bicarbonato de sodio y la sal.
2. En otro bol, bate el huevo, la leche, la miel, el aceite y la vainilla. Vierte en la mezcla de harina y bate durante aproximadamente 1 minuto o hasta que quede suave.
3. En una plancha o en una sartén antiadherente, derrite 1 cucharadita (5 ml) de mantequilla a fuego medio. Para cada tortita, vierte ¼ de taza (60 ml) de masa. Cocina de 1 a 2 minutos o hasta que comiencen a formarse burbujas y los bordes estén firmes. Dale la vuelta y cocina por el otro lado durante 1 a 2 minutos o hasta que la tortita esté dorada. Coloca en un plato y mantén caliente. Repite con la masa restante, engrasando la plancha y ajustando el calor entre tortita y tortita según sea necesario.

▸ Un consejo saludable

Este plato es una excelente fuente de fibra dietética. No solo ayuda a regular el tracto gastrointestinal, sino que las fuentes de fibra como los cereales integrales y el *psyllium* ayudan a reunir algunas toxinas en el intestino y a expulsarlas del cuerpo antes de que puedan reabsorberse.

Gofres de nuez y lino

Este es un gofre contundente que tiene los sabores del jarabe de arce y la vainilla (muy reconfortantes) y el de las nueces crujientes.

Salen 8 gofres

Consejo

Busca paquetes de semillas de lino molidas, que pueden estar etiquetadas como «harina de linaza», o usa un molinillo de especias o café para moler semillas de lino enteras hasta obtener un resultado muy fino.

Nutrientes por gofre	
Calorías	165
Grasas	10 g
Hidratos de carbono	16 g
Proteínas	5 g
Vitamina C	0 mg
Vitamina D	19 UI
Vitamina E	1 mg
Niacina	1 mg
Folato	11 µg
Vitamina B6	0,1 mg
Vitamina B12	0 µg
Zinc	0,8 mg
Selenio	11 µg

- **Precalienta la gofrera a temperatura media-alta.**
- **Licuadora.**

1½ taza de leche de almendras natural 375 ml
2 cucharadas de aceite vegetal 30 ml
1 cucharada de jarabe de arce puro 15 ml
2 cucharaditas de extracto de vainilla 10 ml
1½ cucharadita de vinagre de sidra de manzana 7 ml
3 cucharadas de semillas de lino molidas (harina de linaza) 45 ml
1 taza de harina integral 250 ml
1½ cucharadita de levadura en polvo 7 ml
½ cucharadita de bicarbonato de sodio 2 ml
⅛ de cucharadita de sal marina fina 0,5 ml
½ taza de nueces tostadas picadas 125 ml
Aceite en espray antiadherente

1. En la licuadora, combina la leche de almendras, el aceite, el jarabe de arce, la vainilla y el vinagre. Deja reposar durante 10 minutos. Añade las semillas de lino y mezcla durante 1 minuto o hasta que esté ligeramente espumoso.
2. En un bol grande, mezcla la harina, la levadura en polvo, el bicarbonato de sodio y la sal. Añade la mezcla de leche de almendras y remueve hasta que se combinen totalmente. Incorpora las nueces con cuidado.
3. Rocía la gofrera precalentada con aceite en espray. Para cada gofre, vierte aproximadamente 1/3 de taza (75 ml) de masa en la gofrera. Cocina de acuerdo con las instrucciones del fabricante hasta que estén dorados.

▸ Un consejo saludable

Las nueces son una buena fuente de ácidos grasos omega-3 y uno de nuestros principales alimentos para estimular el cerebro. La harina de lino, que se puede comprar envasada al vacío y conservarse en la nevera, es otra fuente excelente de omega-3.

Aperitivos y tentempiés

Cóctel de frutos secos

No es necesario practicar senderismo para disfrutar de esta mezcla de frutos secos; es un excelente refrigerio de alta energía en el que cada tentempié cuenta nutricionalmente.

Salen 3½ tazas (875 ml)

Consejo

Comienza con esta receta básica y añade otros ingredientes dependiendo de lo que te guste y de lo que tengas a mano. Las buenas adiciones incluyen pasas, coco rallado, avellanas e incluso trozos de chocolate negro. Sé creativo: ¡la mezcla de frutos secos puede ser un poco diferente cada vez que la prepares!

Nutrientes para ¼ de taza (60 ml)	
Calorías	144
Grasas	11 g
Hidratos de carbono	10 g
Proteínas	5 g
Vitamina C	0 mg
Vitamina D	0 UI
Vitamina E	3 mg
Niacina	1 mg
Folato	15 µg
Vitamina B6	0,1 mg
Vitamina B12	0 µg
Zinc	0,6 mg
Selenio	5 µg

½ taza de albaricoques secos, cortados en cuartos 125 ml
½ taza de arándanos rojos secos 125 ml
½ taza de bayas de goji secas (opcional) 125 ml
½ taza de almendras enteras 125 ml
½ taza de nueces picadas 125 ml
½ taza de semillas de girasol sin sal 125 ml
½ taza de semillas de calabaza verdes crudas (pipas) 125 ml

1. En un bol grande, combina los albaricoques, los arándanos, las bayas de goji (si las usas), las almendras, las nueces, las semillas de girasol y las semillas de calabaza.
2. Almacena en un recipiente hermético a temperatura ambiente durante 1 mes.

▸ Un consejo saludable

Cada ingrediente de esta mezcla de frutos secos es una fuente concentrada de antioxidantes o grasas saludables. Este tentempié estimulante de alta energía dejará tu cuerpo bien nutrido y te ayudará a pasar la tarde.

Muffins de arándanos y nueces

El arándano es elogiado por su salsa en la mesa de Acción de Gracias, pero la fruta rubí es igual de deliciosa cuando se hornea en unos *muffins*.

Salen 12 *muffins*

Consejo

Busca paquetes de semillas de lino molidas, que pueden estar etiquetadas como «harina de linaza», o usa un molinillo de especias o café para moler semillas de lino enteras hasta obtener un resultado muy fino.

Tuesta las mitades de nueces en una sartén a fuego lento, removiendo constantemente, durante 3 a 4 minutos o hasta que estén doradas. Pasa las nueces tostadas a un plato y deja enfriar antes de picarlas.

Nutrientes por *muffin*	
Calorías	235
Grasas	13 g
Hidratos de carbono	25 g
Proteínas	6 g
Vitamina C	2 mg
Vitamina D	7 UI
Vitamina E	1 mg
Niacina	0 mg
Folato	21 µg
Vitamina B6	0,1 mg
Vitamina B12	0,1 µg
Zinc	0,9 mg
Selenio	7 µg

- **Precalienta el horno a 180 °C.**
- **Molde para *muffins* de 12 unidades, engrasado.**

1¼ taza de harina de pastelería integral 300 ml
¼ de taza de germen de trigo 60 ml
1½ cucharadita de levadura en polvo 7 ml
1 cucharadita de canela molida 5 ml
½ cucharadita de sal 2 ml
¼ de cucharadita de bicarbonato de sodio 1 ml
2 huevos grandes
¼ de taza de semillas de lino molidas (harina de linaza) 60 ml
½ taza de néctar de agave 125 ml
⅓ de taza de yogur natural bajo en grasa (1 %) 75 ml
¼ de taza de aceite vegetal 60 ml
1 cucharadita de extracto de vainilla 5 ml
1 taza de arándanos frescos, picados en trozos grandes 250 ml
1 taza de nueces tostadas picadas 250 ml

1. En un bol grande, mezcla la harina, el germen de trigo, la levadura en polvo, la canela, la sal y el bicarbonato de sodio.
2. En un bol mediano, mezcla los huevos, las semillas de lino, el néctar de agave, el yogur, el aceite y la vainilla, hasta que estén bien combinados.
3. Añade la mezcla de huevo a la de harina y remueve hasta que todo se integre por completo. Agrega suavemente los arándanos y las nueces.
4. Divide la masa en partes iguales entre los moldes preparados para *muffins*.
5. Cocina en el horno precalentado durante 20 a 25 minutos o hasta que la parte superior esté dorada y un palillo insertado en el centro salga limpio. Déjalos enfriar en una sartén sobre una rejilla durante 5 minutos, luego depositalos en la rejilla para que se enfríen totalmente.

▸ Un consejo saludable

Los arándanos están cargados de antioxidantes que combaten enfermedades y son una buena fuente de vitamina C, fibra, manganeso y potasio.

Muffins de dátiles y nueces

Estos *muffins* sin gluten proporcionan un gran impulso de energía y un refrigerio saludable durante unos días a una familia hambrienta.

Salen 12 *muffins*

- **Precalienta el horno a 180 °C.**
- **Molde para *muffins* de 12 unidades, forrado con tulipas de papel.**

¾ de taza de dátiles picados 175 ml
⅔ de taza de agua hirviendo 150 ml
1½ taza de harina de arroz integral 375 ml
1 cucharadita de goma xantana 5 ml
¾ de cucharadita de levadura en polvo sin gluten 3 ml
¾ de cucharadita de bicarbonato de sodio 3 ml
¾ de cucharadita de canela molida 3 ml
½ cucharadita de sal 2 ml
¾ de taza de azúcar moreno 175 ml
6 cucharadas de mantequilla sin sal, ablandada 90 ml
2 huevos grandes
1 cucharadita de extracto de vainilla 5 ml
¾ de taza nueces tostadas picadas 175 ml

1. En un bol pequeño, combina los dátiles y el agua hirviendo. Deja reposar durante 10 minutos (sin escurrir).
2. En un bol mediano, mezcla la harina, la goma xantana, la levadura en polvo, el bicarbonato de sodio, la canela y la sal.
3. En un bol grande, usando una batidora eléctrica a velocidad media, bate el azúcar moreno y la mantequilla hasta que esté suave y esponjosa, luego los huevos, uno a uno, hasta que estén bien mezclados, la vainilla hasta que se incorpore totalmente y la mezcla de dátiles.
4. Añade la mezcla de harina a la de huevo y, con una cuchara de madera, remueve hasta que se incorporen ambas. Agrega suavemente las nueces.
5. Divide la masa en partes iguales entre los moldes preparados para *muffins*.
6. Cocina en el horno precalentado durante 16 a 20 minutos o hasta que al insertar un palillo en el centro salga limpio. Déjalos enfriar en una sartén sobre una rejilla durante 5 minutos, luego depositalos en la rejilla para que se enfríen totalmente.

Nutrientes por *muffin*

Calorías	263
Grasas	12 g
Hidratos de carbono	38 g
Proteínas	4 g
Vitamina C	0 mg
Vitamina D	11 UI
Vitamina E	1 mg
Niacina	1 mg
Folato	11 µg
Vitamina B6	0,2 mg
Vitamina B12	0,1 µg
Zinc	0,7 mg
Selenio	4 µg

▸ Un consejo saludable

Las nueces contienen mucha vitamina E en una forma bastante inusual, gamma-tocoferol, que presenta grandes beneficios cardiovasculares.

Chips de manzana y canela

Combinando el sabor ácido y dulce de las manzanas con el dulzor natural de la estevia y la canela, he aquí un placer agradable y de bajo índice glucémico.

Para 8 personas

Consejo

Asegúrate de trasladar las chips del papel sulfurizado a una rejilla mientras aún estén calientes, o se pegarán.

Variación

Chips de pera: Usa 4 peras medianas, cortadas por la mitad y sin corazón, en lugar de las manzanas.

Nutrientes por ración	
Calorías	59
Grasas	0 g
Hidratos de carbono	16 g
Proteínas	0 g
Vitamina C	5 mg
Vitamina D	0 UI
Vitamina E	0 mg
Niacina	0 mg
Folato	3 µg
Vitamina B6	0,1 mg
Vitamina B12	0 µg
Zinc	0,1 mg
Selenio	0 µg

- **Precalienta el horno a 160 °C.**
- **2 bandejas para hornear con borde, forradas con papel sulfurizado.**

4 manzanas grandes agridulces (como Gala o Pippin), cortadas por la mitad y sin corazón
4 cucharaditas de estevia en polvo 20 ml
½ cucharadita de canela molida 2 ml
Espray antiadherente para cocinar (preferiblemente aceite de oliva)

1. Con un cuchillo muy afilado o una mandolina, corta las manzanas en láminas de 3 mm de grosor.
2. En un bol pequeño, combina la estevia y la canela.
3. Coloca las láminas de manzana en una sola capa sobre las bandejas para hornear con el papel sulfurizado. Rocía con aceite en espray y espolvorea con la mezcla de estevia y canela.
4. Cocina en el horno precalentado durante 35 a 40 minutos o hasta que los bordes estén dorados y las láminas estén secas y crujientes. Deposita las chips en una rejilla y deja enfriar por completo (se dorarán más a medida que se enfríen). Almacena en un recipiente hermético a temperatura ambiente durante una semana.

▸ Un consejo saludable

Estudios recientes indican que tomar tan solo ½ cucharadita (2 ml) de canela molida diaria puede estimular la función cognitiva y la memoria.

Chunky guacamole

Este guacamole rico y cremoso tiene un sabor consistente que dará vida a todo lo que acompañe. Sírvelo con chips de tortilla, galletas saladas o vegetales frescos.

Sale aproximadamente 1 bol (250 ml)

Consejo

Usa 1 cucharada (15 ml) de chiles jalapeños en conserva finamente picados si no están disponibles frescos. El vinagre añadido alterará ligeramente su sabor, así que pruébalos antes de añadir la cucharada completa (15 ml).

Si prefieres una textura más suave, prepara el guacamole en un procesador de alimentos.

Nutrientes para 2 cucharadas (30 ml)	
Calorías	84
Grasas	7 g
Hidratos de carbono	5 g
Proteínas	1 g
Vitamina C	7 mg
Vitamina D	0 UI
Vitamina E	1 mg
Niacina	1 mg
Folato	43 µg
Vitamina B6	0,2 mg
Vitamina B12	0 µg
Zinc	0,4 mg
Selenio	0 µg

2 aguacates, pelados, sin hueso y en cuartos
2 dientes de ajo, picados (aproximadamente 2 cucharaditas/10 ml)
1 tomate pequeño, sin semillas y finamente picado
1½ cucharadita de zumo de limón recién exprimido 7 ml
1 chile jalapeño, sin semillas y finamente picado (opcional)
½ cucharadita de salsa de guindilla (o al gusto) 2 ml
Sal y pimienta negra recién molida

1. En un bol, usando un tenedor o un machacador de patatas, tritura los aguacates hasta obtener la consistencia deseada. Añade el ajo, el tomate, el zumo de limón, el chile jalapeño (si lo usas) y la salsa de guindilla. Mezcla bien y sazona con sal y pimienta negra recién molida al gusto. Sirve inmediatamente o cubre y enfría. El guacamole se degusta mejor en el mismo día.

Tostadas cremosas de champiñones y nueces

Este plato satisfará e impresionará a los invitados como aperitivo, o simplemente animará un domingo por la tarde.

Salen 40 aperitivos

Consejo

Para preparar los crostini: Corta 1 baguete en rodajas finas de 8 mm de grosor. Prepara una bandeja para hornear y úntala ligeramente con 2 cucharadas (30 ml) de aceite de oliva o mantequilla derretida. Hornea a 190 °C durante 5 minutos o hasta que los bordes estén ligeramente tostados.

Nutrientes por aperitivo	
Calorías	39
Grasas	2 g
Hidratos de carbono	3 g
Proteínas	1 g
Vitamina C	1 mg
Vitamina D	2 UI
Vitamina E	0 mg
Niacina	1 mg
Folato	7 µg
Vitamina B6	0 mg
Vitamina B12	0 µg
Zinc	0,2 mg
Selenio	1 µg

- **Precalienta el horno a 190 °C.**
- **Procesador de alimentos.**

500 g de champiñones (mezcla de blancos, gírgolas y portobello) cortados en trozos grandes
2 cucharadas de mantequilla 30 ml
⅓ de taza de cebolletas finamente picadas 75 ml
2 dientes de ajo, picados
½ cucharadita de tomillo seco 2 ml
125 g de queso crema o queso de cabra, cortado en trozos
⅓ de taza de queso parmesano recién rallado (más otra cantidad extra para cubrir) 75 ml
⅓ de taza de nueces finamente picadas 75 ml
2 cucharadas de perejil fresco finamente picado 30 ml
Sal y pimienta negra recién molida
40 *crostini* (véase consejo, a la izquierda)

1. En un procesador de alimentos, pica finamente los champiñones; hazlo en varias tandas, utilizando turnos de encendido y apagado.
2. Pon mantequilla en una sartén grande, a fuego medio-alto. Añade los champiñones, las cebolletas, el ajo y el tomillo; cocina de 5 a 7 minutos o hasta que los champiñones se ablanden. Cocina de 1 a 2 minutos más, si es necesario, hasta que toda la humedad se haya evaporado. (La mezcla debe quedar seca y casi quebradiza.) Retira del fuego.
3. Añade el queso crema, removiendo hasta que quede suave. Añade el queso parmesano, las nueces y el perejil. Sazona con sal y pimienta al gusto. Deposita el resultado en un bol; tapa y deja enfriar.

→

Consejos

Unta las tostadas *(crostini)* con la mezcla de champiñones justo antes de hornear para evitar que se empapen.

El relleno de setas y nueces se puede congelar hasta 1 mes.

4. Unta los *crostini* con una cucharadita generosa (5 a 7 ml) de mezcla de champiñones. Colócalos en una bandeja para hornear. Espolvoréalos con queso parmesano adicional. Cocina en el horno precalentado durante 8 a 10 minutos o hasta que los bordes estén tostados.

Un consejo saludable

Las nueces son una buena fuente de manganeso, que es importante para la salud de las articulaciones y forma parte del sistema antioxidante que protege las células de nuestro cuerpo.

Antipasto de pimientos asados

Sabor mediterráneo en un aperitivo que resalta el maravilloso dulzor de los pimientos.

Para 4 personas

Consejos

Para ahorrar tiempo y complicaciones, quítales el corazón a los pimientos y córtalos por la mitad antes de asarlos en el horno o en la parrilla. Esto tiende a deshidratar y encoger un poco la carne del pimiento, haciéndola más delicada, pero así resulta más fácil.

En tus fiestas, intenta servir estos pimientos con aceitunas negras, tomates deshidratados, alcaparras, tomates maduros en rodajas, queso *mozzarella* o *bocconcini*, corazones de alcachofa y champiñones marinados para crear un verdadero espectáculo de sabores italianos.

Nutrientes por ración	
Calorías	231
Grasas	20 g
Hidratos de carbono	7 g
Proteínas	6 g
Vitamina C	115 mg
Vitamina D	3 UI
Vitamina E	3 mg
Niacina	1 mg
Folato	44 µg
Vitamina B6	0,3 mg
Vitamina B12	0,3 µg
Zinc	0,8 mg
Selenio	3 µg

- **Precalienta el horno a 200 °C.**

3 pimientos, preferiblemente de colores variados (por ejemplo, verde, rojo y amarillo)
1 cucharadita de aceite vegetal 5 ml
1 cucharada de vinagre balsámico 15 ml
¼ de taza de aceite de oliva virgen extra 60 ml
Sal y pimienta negra recién molida
60 g de queso parmesano, rallado
¼ de taza de cebolla morada en rodajas finas 60 ml
Unas ramitas de albahaca fresca y/o perejil, picadas

1. Corta los pimientos por la mitad a lo largo, luego quítales el corazón y las semillas. Unta sus pieles con aceite vegetal y colócalos (sin amontonarlos) en una bandeja para el horno, con la piel hacia arriba. Asa en el horno precalentado durante 20 a 25 minutos, solo hasta que la piel se arrugue, pero antes de que se ponga negra. (Si esperas hasta que la piel se ponga negra, la pulpa de estos pimientos cortados por la mitad se deshará por completo.) Retira los pimientos del horno y déjalos enfriar de 5 a 10 minutos.
2. Con una espátula, deposita en una superficie de trabajo los pimientos fríos. Retira las pieles (deben desprenderse con facilidad y más o menos en una sola pieza). Corta cada uno de ellos en 5 o 6 tiras y ponlas en un plato.
3. Humedece las tiras de pimiento con vinagre y luego rocíalas con aceite de oliva. Sazona al gusto con sal y pimienta. Decora con virutas de parmesano, cebolla y albahaca y/o perejil justo antes de servir. Los pimientos en aceite pueden esperar (y mejorar) hasta 1 hora.

▸ Un consejo saludable

El vinagre balsámico concentra algunas de las poderosas moléculas antioxidantes de las uvas, conocidas colectivamente como polifenoles.

Sopas

Crema de brócoli

Esta deliciosa crema obtiene proteínas y grasas de los anacardos, y es una excelente opción sin carne ni lácteos.

Para 6 personas

Variaciones

Añade ⅛ de cucharadita (0,5 ml) de nuez moscada molida o pimienta de Jamaica u otras especias al gusto.

Guarda la crema en la nevera y sírvela fría.

Nutrientes por ración	
Calorías	206
Grasas	12 g
Hidratos de carbono	21 g
Proteínas	7 g
Vitamina C	73 mg
Vitamina D	0 UI
Vitamina E	1 mg
Niacina	1 mg
Folato	78 µg
Vitamina B6	0,3 mg
Vitamina B12	0 µg
Zinc	1,7 mg
Selenio	5 µg

- **Procesador de alimentos.**

1 taza de anacardos crudos 250 ml
500 g de brócoli
2 cucharaditas de aceite de oliva 10 ml
½ cebolla picada
5 tazas de caldo de verduras listo para usar 1,25 l
1 patata, pelada y cortada en dados de 2,5 cm
¼ de cucharadita de pimienta negra recién molida 1 ml
½ cucharadita de sal 2 ml

1. Coloca los anacardos en un recipiente y añade agua hasta cubrirlos. Tapa el recipiente y déjalos en remojo durante al menos 2 horas.
2. Corta el brócoli en ramilletes de 5 cm. Pela el tallo y córtalo por la mitad a lo largo y luego transversalmente en trozos de 2,5 cm. Debes obtener alrededor de 8 tazas (2 l) en total. Reserva.
3. Coloca los anacardos y 2 cucharadas (30 ml) de su agua en el procesador de alimentos y obtén una pasta semisuave. Déjala en el procesador y resérvala.
4. Coloca una cacerola grande a fuego medio y deja que se caliente. Añade el aceite hasta cubrir el fondo. Agrega la cebolla y cocina, removiendo ocasionalmente, hasta que se ablande, de 3 a 4 minutos. Añade el caldo de verduras y la patata, sube el fuego a alto y hierve. Reduce el fuego y cocina a fuego lento hasta que se ablanden un poco, de 5 a 6 minutos. Añade el brócoli y la pimienta negra, sube el fuego otra vez y deja hervir. Baja el fuego y cocina lentamente hasta que la patata y el brócoli estén tiernos, de 6 a 8 minutos.
5. Deja enfriar un poco. En varias veces, introduce la crema en un procesador de alimentos con los anacardos y mezcla hasta que quede suave. Pon de nuevo el resultado en la cacerola. Añade la sal. Prueba y rectifica con los condimentos y calienta a fuego lento, removiendo con frecuencia hasta que la crema esté bien caliente. Sírvela así.

▸ Un consejo saludable

Hay un tipo de compuestos vegetales llamados glucosinolatos que ayudan a que el brócoli tenga un poderoso papel de apoyo en la desintoxicación, ayudando al cuerpo a eliminar algunas toxinas que pueden promover los procesos de envejecimiento en el cerebro.

Minestrone

Esta rica minestrone proporciona un alto nivel de proteínas y, gracias a su amplia variedad de verduras y especias, constituye una comida en sí misma.

Salen de 6 a 8 raciones

Consejo

Un envase de judías de 540 ml serán aproximadamente 2 tazas (500 ml) una vez que estas se hayan escurrido y enjuagado. Si tienes recipientes más pequeños o más grandes, puedes usar el volumen recomendado o simplemente añadir la cantidad de tu bote.

Variaciones

Sustituye el pollo por carne de ternera cocida.

Añade 1 taza (250 ml) de pasta cocida sin gluten a la minestrone una vez terminada.

Nutrientes de 1 de las 8 raciones	
Calorías	137
Grasas	3 g
Hidratos de carbono	18 g
Proteínas	11 g
Vitamina C	16 mg
Vitamina D	1 UI
Vitamina E	1 mg
Niacina	3 mg
Folato	71 µg
Vitamina B6	0,3 mg
Vitamina B12	0.1 µg
Zinc	1 mg
Selenio	7 µg

1 cucharada de aceite de semilla de uva 15 ml
1 diente de ajo picado
½ taza de cebolla picada 125 ml
1 cucharada de perejil fresco picado 15 ml
1 patata (sin pelar), picada
1 tomate, rallado
2 tazas de judías, enjuagadas y escurridas 500 ml
1 taza de pollo cocido en dados 250 ml
½ taza de guisantes 125 ml
½ taza de ramilletes de brócoli 125 ml
½ taza de apio picado 125 ml
¼ de taza de tomates deshidratados, picados 60 ml
Sal y pimienta negra recién molida

1. En una cacerola grande, calienta el aceite a fuego medio. Sofríe el ajo, la cebolla y el perejil durante 3 a 4 minutos o hasta que la cebolla se ablande.
2. Añade la patata, el tomate rallado, las judías, el pollo, los guisantes, el brócoli, el apio, los tomates deshidratados y 8 tazas (2 l) de agua; lleva a ebullición a fuego medio-alto. Cubre, dejando la tapa entreabierta, baja el fuego y cocina a fuego lento, removiendo ocasionalmente, durante 30 minutos o hasta que las verduras estén tiernas (o hasta 1 hora y media si prefieres una textura muy suave). Sazona al gusto con sal y pimienta.

▸ Un consejo saludable
El brócoli es una extraordinaria fuente de vitaminas C y K.

Sopa de calabaza marroquí

El sabor de la calabaza cada día es más popular, pero casi siempre junto a especias aromáticas. ¡Este plato cumple con eso y más!

Para 6 personas

Consejos

Cualquier calabaza pequeña y de piel gruesa para cocinar o una calabaza moscada funcionará en esta receta.

El curri en polvo prensado está disponible en cubos y, por lo general, se puede encontrar en tiendas de alimentos *gourmet* o ecológicos.

Nutrientes por ración	
Calorías	277
Grasas	13 g
Hidratos de carbono	40 g
Proteínas	5 g
Vitamina C	22 mg
Vitamina D	17 UI
Vitamina E	3 mg
Niacina	2 mg
Folato	55 µg
Vitamina B6	0,3 mg
Vitamina B12	0,3 µg
Zinc	1,4 mg
Selenio	4 µg

- **Licuadora.**

1 cucharadita de semillas de comino enteras 5 ml
1 cucharadita de semillas de cilantro enteras 5 ml
½ cucharadita de semillas de hinojo enteras 2 ml
3 cucharadas de aceite de oliva, dividido 45 ml
2 cebollas rojas picadas
1 cucharada de melaza negra 15 ml
1 puerro, partes blancas y verdes, en rodajas
1 cucharada de azúcar de caña orgánica 15 ml
1 calabaza dulce o pastel de calabaza (1 kg), pelada y cortada en dados de 2,5 cm
2 manzanas picadas
1 cucharada de curri en polvo o en cubos (véase el consejo, a la izquierda) 15 ml
1 cucharadita de cúrcuma molida 5 ml
½ cucharadita de canela molida 2 ml
4 tazas de caldo de verduras listo para usar o agua 1 l
1 taza de leche de arroz 250 ml
½ taza de anacardos 125 ml

1. En una cacerola grande, tuesta las semillas de comino, cilantro e hinojo a fuego alto hasta que se abran y se libere su fragancia, aproximadamente 2 minutos. No dejes que se quemen. Añade 2 cucharadas (30 ml) de aceite y calienta. Añade las cebollas rojas. Reduce el fuego a medio y cocina, removiendo con frecuencia, hasta que las cebollas estén suaves y caramelizadas. Transfiere ¾ de taza (175 ml) a un bol y añade la melaza. Remueve y reserva.
2. Añade el aceite restante a las cebollas en una cacerola y calienta a fuego alto. Añade el puerro. Reduce el fuego a medio y cocina, removiendo con frecuencia hasta que esté suave. Añade el azúcar, la calabaza, las manzanas, el curri en polvo, la cúrcuma y la canela, removiendo después de cada adición. Cocina, removiendo, durante 1 minuto. Añade el caldo de verduras y lleva a ebullición suave. Tapa, baja el fuego y hierve suavemente durante 40 minutos o hasta que las verduras estén tiernas.

→

3. En la licuadora, combina la leche de arroz y los anacardos. Bate hasta conseguir una mezcla homogénea. Vierte 2 tazas (500 ml) de la sopa en la licuadora. Licúa con la mezcla anterior. Añade a la sopa y calienta. Sirve la sopa en boles y coloca encima de cada uno 2 cucharadas (30 ml) de la cebolla roja que habías reservado anteriormente.

▸ Un consejo saludable

El comino, el cilantro y el hinojo son potentes tónicos digestivos. La melaza es una gran fuente de hierro, calcio, manganeso y otros nutrientes.

Sopa de calabaza asada con mantequilla de salvia

Este es un plato de un sabor profundo que incorpora vino blanco, así como ajo y cebolla, con un aderezo espectacular.

Para 6 personas

- **Precalienta el horno a 200 °C.**
- **Bandeja para hornear con borde, forrada con papel sulfurizado.**

1 calabaza moscada (1,75 a 2 kg), cortada por la mitad a lo largo y sin semillas
¼ de taza de aceite de oliva, dividido 60 ml
10 hojas de salvia frescas, finamente cortadas
1 cebolla grande, finamente picada
1 diente de ajo picado
1 taza de vino blanco seco 250 ml
2 patatas grandes, peladas y cortadas en dados de 1 cm
6 tazas de caldo de pollo o vegetal listo para usar (o una mezcla de los dos) 1,5 l
1 cucharadita de sal 5 ml
1 cucharadita de zumo de limón recién exprimido 5 ml
Una pizca de cayena
Una pizca de nuez moscada molida
Pimienta negra recién molida
1 taza de leche evaporada (10%) 250 ml
½ taza de crema espesa o para batir (nata) (35%) 125 ml
¼ de taza de mantequilla sin sal 60 ml
12 hojas enteras de salvia fresca

1. Frota el lado cortado de una de las mitades de calabaza con 1 cucharada (15 ml) de aceite y colócalo hacia abajo en una bandeja preparada para hornear. Ásala en el horno precalentado durante unos 40 minutos, hasta que un cuchillo se introduzca fácilmente en la parte gruesa del cuello. Déjala enfriar.
2. Mientras tanto, pela y corta la mitad restante de la calabaza en dados de 1 cm; reserva.

Nutrientes por ración	
Calorías (¡más calorías debido a la crema!)	542
Grasas	29 g
Hidratos de carbono	62 g
Proteínas	7 g
Vitamina C	83 mg
Vitamina D	14 UI
Vitamina E	6 mg
Niacina	5 mg
Folato	98 µg
Vitamina B6	0,8 mg
Vitamina B12	0,2 µg
Zinc	1,1 mg
Selenio	3 µg

→

Sopa de calabaza asada con mantequilla de salvia

Consejo

El sabor de la nuez moscada recién rallada es mucho mejor que la variedad ya molida. Puedes encontrar nuez moscada entera en la sección de especias de tu supermercado o en tiendas de alimentos a granel. Usa un rallador de escofina (como un Microplane) para rallar la nuez moscada.

3. En una olla grande, calienta el aceite restante a fuego medio-alto. Añade las hojas de salvia cortadas y saltea hasta que estén crujientes, aproximadamente 1 minuto. Añade la cebolla y saltea hasta que se ablande, sobre unos 4 minutos. Añade el ajo y saltea hasta que esté dorado, aproximadamente 1 minuto. Agrega el vino y cocina hasta que se reduzca a la mitad, alrededor de 5 minutos. Añade la calabaza picada, las patatas, el caldo y la sal; lleva a ebullición. Baja el fuego y cocina a fuego lento hasta que las verduras estén tiernas, aproximadamente 20 minutos.
4. Extrae la pulpa de la calabaza asada, tritúrala y agrégala a la sopa. Sazona con zumo de limón, cayena, nuez moscada y pimienta negra al gusto. Añade la leche evaporada y la nata batida; vuelve a calentar a fuego medio hasta que esté humeante, removiendo con frecuencia. Prueba y rectifica de sabor con cayena, nuez moscada, sal y pimienta negra, si es necesario.
5. En una sartén, derrite la mantequilla a fuego medio hasta que chisporrotee. Añade hojas enteras de salvia y saltea hasta que estén crujientes y doradas, aproximadamente 2 minutos. Deposita la salvia en un plato con papel absorbente. Retira la sartén del fuego.
6. Sirve caliente la sopa de calabaza en boles y añade en cada uno un poquito de mantequilla de salvia y 2 hojas de salvia fritas.

Un consejo saludable

Los investigadores han descubierto que la salvia es un potente antioxidante y un refuerzo de la memoria.

Sopa de salmón

Esta contundente sopa es un plato fantástico a base de salmón, caldo, leche y hierbas.

Para 5 personas

Consejos

El salmón ahumado en caliente se ahúma a una temperatura mucho más alta que el salmón ahumado en frío. Esto le da un aspecto más completo y una textura más firme.

Si no puedes encontrar salmón ahumado en caliente, añade trozos de pimiento picante al gusto junto con el salmón ahumado normal. También puedes utilizar pescado blanco ahumado o trucha.

Nutrientes por ración	
Calorías	172
Grasas	3 g
Hidratos de carbono	26 g
Proteínas	12 g
Vitamina C	30 mg
Vitamina D	202 UI
Vitamina E	1 mg
Niacina	4 mg
Folato	44 μg
Vitamina B6	0,3 mg
Vitamina B12	1,3 μg
Zinc	0,9 mg
Selenio	11 μg

- **Precalienta la parrilla o el asador.**

1 cebolla pequeña, cortada en rodajas de 0,5 cm de grosor
1 patata, cortada en rodajas de 0,5 cm de grosor
1 zanahoria grande, cortada en rodajas de 0,5 cm de grosor
¼ de tallo de apio
1 pimiento verde, cortado en cuartos y sin semillas
2 tazas de caldo de pollo o pescado listo para usar 500 ml
½ cucharadita de tomillo seco desmenuzado 2 ml
¼ de cucharadita de albahaca seca desmenuzada 1 ml
2 tazas de leche al 1%, dividida 500 ml
¼ de taza de harina para todo uso 60 ml
125 g de salmón ahumado en caliente sin sal o pescado blanco ahumado
¾ de taza de granos de maíz congelados 175 ml
Una pizca de sal
Pimienta negra recién molida

1. Pon la cebolla, la patata, la zanahoria, el apio y el pimiento verde en la parrilla; cocínalos, dándoles la vuelta de vez en cuando, hasta que se vean las marcas de la parrilla y la piel del pimiento esté ennegrecida. Coloca las verduras en una bolsa de plástico; séllala y déjalas reposar durante 20 minutos.
2. Retira la piel del pimiento; córtalo en dados. Corta los restantes vegetales asados en cuadritos y colócalos en una cacerola grande. Añade 1 taza (250 ml) de caldo, tomillo y albahaca; lleva a ebullición. Añade el caldo restante y 1½ taza (375 ml) de leche; cocina a fuego lento. Remueve la harina con la leche restante hasta que quede suave; añade gradualmente a la sopa. Cocina a fuego lento durante 5 minutos.
3. Quita la piel y las espinas del pescado; córtalo en dados de 0,5 cm. Agrégalo a la sopa junto con el maíz; cocina durante 10 minutos. Sazona con sal y pimienta al gusto. Sirve la sopa caliente.

▸ Un consejo saludable

El salmón es una fuente de ácidos grasos omega-3 que el cuerpo utiliza con mucha facilidad.

Esta receta es cortesía del chef Dean Mitchell y la dietista Suzanne Journault-Hemstock.

Arroz caldoso con azafrán

A menudo pensamos en la sopa como en un primer plato, pero se trata de una comida completa. La paella es un plato tradicional de la cocina mediterránea, y esta receta saca lo mejor de esa tradición.

Para 6 personas

Consejo

Pídele al pescadero que golpee cada mejillón individualmente para asegurarse de que está vivo y vuelve a revisarlos justo antes de cocinarlos. Los mejillones vivos se cerrarán cuando se toquen. Los mejillones que no se abren durante la cocción ya estaban muertos antes de cocinarse y deben desecharse.

Nutrientes por ración	
Calorías	642
Grasas	36 g
Hidratos de carbono	30 g
Proteínas	50 g
Vitamina C	44 mg
Vitamina D	5 UI
Vitamina E	4 mg
Niacina	15 mg
Folato	109 µg
Vitamina B6	0,7 mg
Vitamina B12	6,7 µg
Zinc	5,7 mg
Selenio	61 µg

¼ de taza de aceite de oliva, dividido 60 ml
1 cebolla grande, picada, dividida
500 g de muslos de pollo
3 dientes de ajo, picados
8 tazas de caldo de pollo listo para usar, dividido 2 l
1 lata (398 ml) de tomates cortados en daditos, con jugo
½ taza de arroz blanco de grano largo 125 ml
¼ de cucharadita de sal 1 ml
¼ de cucharadita de hebras de azafrán 1 ml
1 pimiento rojo, cortado en daditos
500 g de chorizo ahumado o salchichas, cortados en daditos
12 mejillones, lavados y sin adherencias (véase el consejo)
1 taza de guisantes descongelados 250 ml
500 g de langostinos grandes, pelados y sin el intestino
¼ de taza de perejil fresco de hoja plana (italiano) picado 60 ml
Picatostes condimentados con ajo

1. En una olla grande, calienta 3 cucharadas (45 ml) de aceite a fuego medio-alto. Añade la mitad de la cebolla y saltea hasta que comience a ablandarse, aproximadamente 2 minutos. Añade el pollo con la piel hacia abajo y cocina hasta que se dore, alrededor de 4 minutos. (Ten cuidado de que la cebolla no se queme.) Dale la vuelta al pollo y dora el otro lado. Añade el ajo y saltea durante 2 minutos. Añade 5 tazas (1,25 l) de caldo y los tomates; lleva a ebullición. Baja el fuego y cocina lentamente durante unos 30 minutos. Retíralo del calor.
2. Con unas pinzas, deposita el pollo en un plato grande y déjalo enfriar un poco. Quítale la piel y los huesos, y deséchalos. Tritura la carne en trozos pequeños y reserva. Deja a un lado el líquido de la cocción.

→

Arroz caldoso con azafrán

Consejo

Para limpiar los mejillones, sostén cada pieza bajo el agua corriente fría y frota la concha con un cepillo de cerdas duras. A continuación, agarra las fibras de la «barba» con los dedos y sácalas, tirando hacia el punto en el que se unen ambas valvas.

3. En una cacerola, lleva el caldo restante de fuego lento a medio. Añade el arroz, la sal y el azafrán; tapa, baja el fuego y cocina lentamente hasta que el arroz esté casi listo, unos 15 minutos. Retira la cacerola del fuego y deja reposar el arroz tapado hasta que esté en su punto para usarlo después.
4. En otra olla grande, calienta el aceite restante a fuego medio. Añade la cebolla que falta, el pimiento rojo y las salchichas; saltea hasta que las verduras se ablanden, aproximadamente 6 minutos. Añade el líquido de la cocción reservado y cocina a fuego lento. Añade el pollo y el arroz, los mejillones y los guisantes; que vuelva a hervir todo a fuego lento. Cubre, baja el fuego y cocina lentamente durante 5 minutos. Agrega los langostinos, cubre y cocina a fuego lento hasta que los mejillones se hayan abierto y los langostinos estén rosados y opacos, de 2 a 3 minutos. Desecha los mejillones que no se han abierto.
5. Sírvelo caliente en boles, asegurándote de que cada uno de ellos contiene langostinos y mejillones. Adorna con perejil y picatostes.

Un consejo saludable

Este plato es una fuente de ácidos grasos omega-3, que son esenciales para la salud del cerebro. Debido a las toxinas, los parásitos y los antibióticos, evita los productos del mar cultivados en piscifactorías, a menos que sean realmente ecológicos y sostenibles.

Ensaladas

Ensalada de todos los días

Esta ensalada se prepara rápidamente y ofrece más de una ración completa de verduras frescas para cada persona.

Para 4 personas

Consejo

Para las hierbas secas, prueba el condimento italiano seco. También puedes usar albahaca o tomillo, o una combinación de ambas.

Nutrientes por ración	
Calorías	89
Grasas	6 g
Hidratos de carbono	9 g
Proteínas	2 g
Vitamina C	63 mg
Vitamina D	0 UI
Vitamina E	2 mg
Niacina	1 mg
Folato	89 µg
Vitamina B6	0,2 mg
Vitamina B12	0 µg
Zinc	0,4 mg
Selenio	0 µg

4 tazas de espinacas tiernas (aproximadamente 175 g/6 oz) 1 l
½ taza de col morada (lombarda) rallada 125 ml
½ taza de pepino pelado en rodajas 125 ml
½ taza de pimiento amarillo picado 125 ml
¼ de taza de pimiento rojo picado 60 ml
20 tomates cherri
2 cucharadas de vinagre balsámico 30 ml
1½ cucharada de aceite de oliva virgen extra 22 ml
1 cucharadita de hierbas secas 5 ml
(véase el consejo, a la izquierda)
Sal y pimienta negra recién molida

1. En un bol grande, combina las espinacas, la lombarda, el pepino, el pimiento amarillo, el pimiento rojo y los tomates.
2. En un bol pequeño, mezcla el vinagre, el aceite y las hierbas. Rocía sobre la ensalada y remueve para que se impregne muy bien. Sazona a tu gusto con sal y pimienta.

▸ Un consejo saludable

Las espinacas y los pimientos proporcionan una gran cantidad de carotenoides, que tienen importantes funciones antioxidantes en el cuerpo y se consumen mejor combinados, ya que se encuentran de forma natural en los alimentos.

Ensalada de espinacas con naranja y champiñones

Las almendras tostadas y las castañas de agua le dan a esta ensalada un extra crujiente.

Para 6 personas

Consejos

Usa 1½ taza (375 ml) de mandarinas en lata escurridas para reemplazar las naranjas. Las gírgolas y otros hongos son excepcionalmente sabrosos. Prepara la ensalada temprano por la mañana y guárdala en la nevera. Prepara el aliño hasta 2 días antes. Vierte sobre la ensalada justo antes de servir.

Nutrientes por ración	
Calorías	163
Grasas	8 g
Hidratos de carbono	22 g
Proteínas	3 g
Vitamina C	33 mg
Vitamina D	1 UI
Vitamina E	3 mg
Niacina	2 mg
Folato	107 µg
Vitamina B6	0,2 mg
Vitamina B12	0 µg
Zinc	0,5 mg
Selenio	1 µg

Ensalada

8 tazas de espinacas frescas de bolsa, lavadas, secas y cortadas en trozos pequeños 2 l
1½ taza de champiñones en rodajas 375 ml
¾ de taza de castañas de agua en rodajas 175 ml
½ taza de cebolla morada en rodajas 125 ml
¼ de taza de pasas 60 ml
2 cucharadas de almendras en láminas o picadas, tostadas 30 ml
1 naranja, pelada y en rodajas cortadas en trozos

Aliño

3 cucharadas de aceite de oliva 45 ml
3 cucharadas de vinagre balsámico 45 ml
2 cucharadas de zumo de naranja 30 ml
1 cucharada de miel líquida 15 ml
1 cucharadita de ralladura de naranja 5 ml
1 cucharadita de ajo picado 5 ml

1. ***Ensalada.*** En un bol grande para servir, mezcla las espinacas, los champiñones, las castañas de agua, la cebolla morada, las pasas, las almendras y los trozos de naranja; remueve bien.
2. ***Aliño.*** En un bol pequeño, mezcla el aceite de oliva, el vinagre balsámico, el zumo de naranja, la miel, la ralladura de naranja y el ajo; vierte sobre la ensalada y mezcla.

▸ Un consejo saludable

Aunque el secado disminuye un poco los poderes antioxidantes de las pasas en comparación con las uvas que fueron en un inicio, las moléculas beneficiosas, incluidos los flavonoides, todavía están presentes en cantidades valiosas.

Ensalada Waldorf con canela

Nada complementa una comida especial como una buena ensalada Waldorf, y esta receta siempre es ganadora.

Salen de 6 a 8 raciones

Consejo

Para un cambio agradable, usa una combinación de guisantes y manzanas para un total de 2½ tazas (625 ml).

Prepara la ensalada temprano y guárdala en la nevera. Mézclala bien justo antes de servirla. Se conserva hasta 2 días en el frigorífico.

Nutrientes de 1 de las 8 raciones

Calorías	128
Grasas	5 g
Hidratos de carbono	22 g
Proteínas	1 g
Vitamina C	33 mg
Vitamina D	1 UI
Vitamina E	1 mg
Niacina	0 mg
Folato	16 µg
Vitamina B6	0,1 mg
Vitamina B12	0 µg
Zinc	0,3 mg
Selenio	1 µg

Ensalada

2½ tazas de manzanas cortadas en daditos 625 ml
¾ de taza de apio cortado en daditos 175 ml
1 taza de uvas rojas o verdes sin semillas, cortadas en cuartos 250 ml
1 taza de pimientos rojos o verdes picados 250 ml
⅓ de taza de pasas 75 ml
½ taza de mandarinas 125 ml
2 cucharadas de nueces pecanas finamente picadas 30 ml

Aliño

¼ de taza de mayonesa *light* 60 ml
¼ de taza de crema agria ligera (1%) 60 ml
2 cucharadas de miel líquida 30 ml
1 cucharada de zumo de limón recién exprimido 15 ml
½ cucharadita de canela molida 2 ml

1. ***Ensalada.*** En un bol para servir, mezcla las manzanas, el apio, las uvas, los pimientos, las pasas, las mandarinas y las nueces.
2. ***Aliño.*** En un bol pequeño, combina la mayonesa, la crema agria, la miel, el zumo de limón y la canela; mezcla bien. Vierte sobre la ensalada y remueve.

▸ Un consejo saludable

Las nueces pueden tener efectos reductores del colesterol y la canela tiene un efecto estabilizador del azúcar en sangre.

Ensalada de remolacha asada y hojas de remolacha

Para los amantes de la remolacha, este plato se complementa con el factor ácido del vinagre, pero añade el dulzor y el sabor de la naranja, junto con el abundante ajo.

Para 4 personas

Consejo

Cualquier tipo de remolacha (roja, dorada o con rayas rojas y blancas) es excelente en esta ensalada. Para evitar mancharte las manos, usa guantes de plástico a la hora de pelar las remolachas de color oscuro.

Nutrientes por ración	
Calorías	115
Grasas	7 g
Hidratos de carbono	13 g
Proteínas	2 g
Vitamina C	50 mg
Vitamina D	0 UI
Vitamina E	1 mg
Niacina	0 mg
Folato	8 µg
Vitamina B6	0,1 mg
Vitamina B12	0 µg
Zinc	0,2 mg
Selenio	1 µg

- **Precalienta el horno a 200 °C.**
- **Bandeja para hornear con borde alto.**

4 remolachas, con sus hojas (aproximadamente 750 g)
2 naranjas
2 dientes de ajo, picados
½ taza de cebolla morada finamente cortada 125 ml
½ cucharadita de sal marina fina 2 ml
2 cucharadas de aceite de oliva virgen extra 30 ml
1 cucharada de vinagre de vino tinto 15 ml

1. Recorta las hojas de las remolachas. Corta y desecha los tallos, luego pica las hojas en trozos grandes. Resérvalas.
2. Envuelve bien cada remolacha en papel de aluminio y colócalas en una bandeja para hornear. Ásalas en el horno precalentado durante unos 90 minutos o hasta que estén tiernas al pincharlas con un tenedor. Déjalas enfriar completamente en el papel de aluminio.
3. Mientras tanto, en una cacerola grande con agua hirviendo, hierve las hojas de remolacha de 2 a 3 minutos o hasta que estén tiernas. Escúrrelas, luego déjalas enfriar por completo.
4. Pela las remolachas y córtalas en 8 gajos. Colócalas en un bol mediano.
5. Escurre las hojas de remolacha con las manos para eliminar el exceso de agua, después agrégalas al bol.
6. Ralla la piel de las naranjas (5 ml). Añade a la mezcla de remolacha, junto con el ajo, la cebolla morada, la sal, el aceite y el vinagre.
7. Con un cuchillo afilado, monda las naranjas y retira completamente la médula de color blanco. Trabajando sobre la mezcla de remolacha, córtalas en gajos. Remueve suavemente. Deja reposar durante al menos 30 minutos o toda la noche para que se mezclen los sabores.

▸ Un consejo saludable

Las hojas de remolacha contienen luteína, un gran protector de los vasos sanguíneos y la retina, y las raíces de la remolacha son un alimento excelente para el hígado.

Ensalada *caprese*

Es una de las ensaladas favoritas de todo el mundo, y esta versión se puede calificar definitivamente como «dieta mediterránea» al añadir aceitunas kalamata.

Para 4 personas

Consejo

Los *bocconcini* son bolas de *mozzarella* del tamaño de una pelota de golf que deben mantenerse en agua hasta que se necesitan. Están ampliamente disponibles. En los supermercados, por lo general, se colocan en recipientes de plástico junto a la *ricotta* y otros productos lácteos italianos.

Nutrientes por ración	
Calorías	282
Grasas	22 g
Hidratos de carbono	9 g
Proteínas	13 g
Vitamina C	24 mg
Vitamina D	6 UI
Vitamina E	3 mg
Niacina	1 mg
Folato	26 µg
Vitamina B6	0,2 mg
Vitamina B12	0,4 µg
Zinc	1,6 mg
Selenio	7 µg

500 g de tomates maduros, en rodajas de 1 cm de grosor (aproximadamente 4 tomates)
¼ de taza de cebolla morada en rodajas finas 60 ml
¼ de taza de pimiento verde en rodajas finas 60 ml
¼ de taza de aceite de oliva virgen extra 60 ml
2 cucharadas de vinagre balsámico 30 ml
Sal y pimienta negra recién molida
175 g de *bocconcini* (véase consejo, a la izquierda)
¼ de taza de aceitunas kalamata (aproximadamente 8) 60 ml
12 hojas grandes de albahaca fresca

1. En un plato grande, coloca las rodajas de tomate en una capa. Distribuye las rodajas de cebolla y pimiento verde uniformemente sobre los tomates.
2. En un bol pequeño, mezcla el aceite, el vinagre, la sal y la pimienta hasta que estén emulsionados. Vierte el aliño de manera uniforme sobre los tomates.
3. Escurre y seca los *bocconcini*. Córtalos en rodajas de 0,5 cm de grosor. Pon al menos una porción de queso encima de cada rodaja de tomate.
4. Coloca las aceitunas de forma decorativa entre los tomates. Adorna con las hojas de albahaca y sirve al cabo de 30 minutos.

▸ Un consejo saludable

Las aceitunas contienen una notable variedad de fitonutrientes beneficiosos y pueden ser parte de la razón por la que la dieta mediterránea está demostrando ser saludable al cien por cien.

Ensalada de zanahoria y brócoli con arándanos y semillas de girasol

Este plato es una excelente manera de obtener los beneficios saludables del brócoli, endulzado y complementado con los demás ingredientes de esta peculiar ensalada.

Para 6 personas

Consejo

El néctar de agave (también conocido como jarabe de agave) es un edulcorante vegetal derivado del cactus de agave, originario de México. El jugo de agave produce un almíbar de un doradoo claro.

¼ de taza de yogur griego natural sin grasa 60 ml
2 cucharadas de zumo de limón recién exprimido 30 ml
1 cucharada de néctar de agave o miel líquida 15 ml
2 cucharaditas de mostaza de Dijon 10 ml
⅛ de cucharadita de sal marina fina 0,5 ml
3 tazas de tallos de brócoli pelados y rallados (de 1 manojo grande) 750 ml
2 tazas de zanahorias peladas y ralladas 500 ml
½ taza de cebolletas picadas 125 ml
⅓ de taza de arándanos secos, picados 75 ml
¼ de taza de semillas de girasol tostadas, ligeramente saladas 60 ml

1. En un bol pequeño, mezcla el yogur, el zumo de limón, el néctar de agave, la mostaza y la sal.
2. En un bol grande, combina el brócoli, las zanahorias, las cebolletas y los arándanos. Añade el aliño y remueve suavemente para que se impregnen todos los ingredientes. Cubre y guarda en la nevera durante al menos 30 minutos, hasta que se enfríe, o hasta 2 horas. Justo antes de servir, espolvorea con semillas de girasol.

▸ Un consejo saludable

El brócoli contiene compuestos que activan las moléculas anticancerígenas y de desintoxicación del cuerpo.

Nutrientes por ración	
Calorías	105
Grasas	3 g
Hidratos de carbono	18 g
Proteínas	3 g
Vitamina C	36 mg
Vitamina D	0 UI
Vitamina E	2 mg
Niacina	1 mg
Folato	71 µg
Vitamina B6	0,2 mg
Vitamina B12	0 µg
Zinc	0,6 mg
Selenio	5 µg

Ensalada de col, mandarina y arándanos con nueces y pasas

He aquí una ensalada de col que se sale de lo normal, sumamente dulce y crujiente, y que contiene muchos ingredientes saludables.

Salen de 8 a 10 raciones

Consejo

Las pipas son semillas de calabaza a las que se les quita la cáscara blanca, dejando la semilla interior plana, de un color verde oscuro. Son sutilmente dulces y con una textura parecida a la de las nueces.

3 tazas de col morada (lombarda) y/o verde rallada (repollo) 750 ml
2 tazas de zanahorias ralladas 500 ml
1 taza de apio picado 250 ml
½ taza de cebolletas picadas 125 ml
1 cucharada de zumo de limón recién exprimido 15 ml
½ taza de pasas 125 ml
½ taza de semillas de calabaza verdes crudas (pipas) 125 ml
½ taza de arándanos frescos 125 ml
½ taza de nueces en mitades 125 ml
6 cucharadas de aceite de oliva extra virgen 90 ml
¼ de taza de vinagre de arroz integral o natural 60 ml
1 lata (284 ml) de mandarinas, escurridas 1

1. En un bol grande, combina la col o repollo, las zanahorias, el apio y las cebolletas. Rocía con zumo de limón y remueve para que se impregnen bien. Añade las pasas, las semillas de calabaza, los arándanos y las nueces.
2. En un bol pequeño, mezcla el aceite y el vinagre. Rocía sobre la ensalada y remueve para que se impregnen por completo. Añade las mandarinas. Cubre y guarda en la nevera durante la noche para que los sabores se mezclen.

▸ Un consejo saludable

Solo ¼ de taza (60 ml) de nueces tiene casi toda la cantidad diaria recomendada de ácidos grasos omega-3 que nutren el cerebro.

Nutrientes de 1 de las 10 raciones

Calorías	199
Grasas	15 g
Hidratos de carbono	16 g
Proteínas	4 g
Vitamina C	22 mg
Vitamina D	0 UI
Vitamina E	1 mg
Niacina	1 mg
Folato	30 µg
Vitamina B6	0,1 mg
Vitamina B12	0 µg
Zinc	0,9 mg
Selenio	1 µg

Tabulé

Esta es una de las ensaladas más saludables que existen y un gran ejemplo de cómo el sabor puede combinarse con el valor nutricional.

Para 6 personas

Consejos

Si prefieres un sabor más dulce, añade 2 cucharadas (30 ml) adicionales de aceite.

El tabulé sobrante se puede guardar en la nevera, cubierto, durante 3 días. Asegúrate de que vuelve a estar a temperatura ambiente antes de servirlo.

Nutrientes por ración	
Calorías	139
Grasas	9 g
Hidratos de carbono	13 g
Proteínas	2 g
Vitamina C	37 mg
Vitamina D	0 UI
Vitamina E	2 mg
Niacina	1 mg
Folato	42 µg
Vitamina B6	0,1 mg
Vitamina B12	0 µg
Zinc	0,5 mg
Selenio	0 µg

2 tazas de perejil fresco picado 500 ml
1 cebolla, finamente picada
1 tomate, finamente picado
½ taza de bulgur (aproximadamente 125 g) 125 ml
6 cucharadas de zumo de limón recién exprimido 90 ml
¼ de taza de aceite de oliva 60 ml
Sal y pimienta negra recién molida

1. En un bol, combina el perejil, la cebolla y el tomate. Mezcla bien. Reserva.
2. En una cacerola, hierve el bulgur en abundante agua durante 6 a 8 minutos, hasta que esté tierno. Escurre y refresca con agua fría. Vuelve a escurrir nuevamente por completo y añade el bulgur cocido a las verduras en el bol. Mezcla bien.
3. Rocía la ensalada con el zumo de limón y el aceite de oliva. Añade sal y pimienta al gusto. Mezcla para que todo se impregne bien. Trasládala a un plato para servir. La ensalada se puede servir inmediatamente, aunque será mejor si se espera hasta 2 horas, tapada y sin guardar en la nevera.

▸ Un consejo saludable

El perejil contiene compuestos que tienen un efecto diurético natural en el cuerpo y es una fuente fantástica de vitamina K.

Ensalada de cuscús con albahaca y piñones

Esta receta de cuscús contiene verduras y el sabor de la ralladura de naranja, además de ajo.

Para 4 personas

Consejo

Las hojas tiernas de albahaca se deterioran fácilmente cuando se cortan. Apila las hojas unas encima de otras, enróllalas en forma de cigarro y, con un cuchillo afilado, córtalas en finas tiras.

Si no puedes encontrar albahaca fresca, sustitúyela por ¼ de taza (60 ml) de perejil fresco picado o por 1 cucharadita (5 ml) de albahaca seca.

Nutrientes por ración	
Calorías	394
Grasas	20 g
Hidratos de carbono	46 g
Proteínas	9 g
Vitamina C	46 mg
Vitamina D	0 UI
Vitamina E	3 mg
Niacina	3 mg
Folato	34 µg
Vitamina B6	0,2 mg
Vitamina B12	0,1 µg
Zinc	1,2 mg
Selenio	0 µg

1 taza de cuscús 250 ml
1 taza de caldo de pollo o de verduras bajo en sodio listo para usar 250 ml
4 cebolletas, picadas
1 pimiento rojo, finamente picado
1 calabacín, cortado en daditos
¼ de taza de pasas 60 ml
¼ de taza de aceite de oliva 60 ml
2 cucharadas de vinagre de vino tinto 30 ml
1 cucharadita de ralladura de naranja 5 ml
2 cucharadas de zumo de naranja recién exprimido 30 ml
1 diente de ajo grande, picado
½ cucharadita de sal (opcional) 2 ml
Pimienta negra recién molida
¼ de taza de albahaca fresca picada 60 ml (véase el consejo, a la izquierda)
¼ de taza de piñones tostados 60 ml

1. Introduce el cuscús en un bol grande; vierte el caldo encima. Cubre con un plato y deja reposar durante 5 minutos. Remueve con un tenedor para romper los grumos. Deja enfriar a temperatura ambiente. Añade las cebolletas, el pimiento rojo, el calabacín y las pasas.
2. En un bol pequeño, mezcla el aceite, el vinagre, la ralladura de naranja, el zumo de naranja, el ajo, la sal (si se usa) y la pimienta al gusto. Vierte sobre la ensalada; remueve bien. Justo antes de servir, añade la albahaca y los piñones. Sirve la ensalada a temperatura ambiente.

▸ Un consejo saludable

Los piñones contienen ácido pinolénico, que puede funcionar para frenar el apetito.

Ensalada de quinoa

La versátil supersemilla vuelve a aparecer, esta vez como una ensalada con un extra completo de verduras y hierbas.

Para 4 personas

Consejo

Para mantener la quinoa lo más fresca posible, puedes guardarla en un recipiente hermético en la nevera durante 6 meses o en el congelador durante 1 año.

Variación

Si estás preparando esta ensalada para comensales no vegetarianos, puedes sustituir el caldo de verduras por caldo de pollo o pavo reducido en sodio.

Nutrientes por ración	
Calorías	201
Grasas	9 g
Hidratos de carbono	25 g
Proteínas	6 g
Vitamina C	29 mg
Vitamina D	0 UI
Vitamina E	2 mg
Niacina	1 mg
Folato	79 µg
Vitamina B6	0,2 mg
Vitamina B12	0 µg
Zinc	1,2 mg
Selenio	3 µg

1¼ taza de caldo de verduras reducido en sodio listo para usar 300 ml
¾ de taza de quinoa, enjuagada 175 ml
½ taza de guisantes descongelados 125 ml
¼ de taza de pimiento naranja, finamente picado 60 ml
¼ de taza de pimiento amarillo, finamente picado 60 ml
1 cucharada de cebolla morada, finamente picada 15 ml
2 cucharadas de aceite de oliva virgen extra 30 ml
1 cucharada de perejil fresco picado 15 ml
1 cucharadita de tomillo seco 5 ml
1 cucharadita de zumo de limón recién exprimido 5 ml
Sal y pimienta negra recién molida

1. En una cacerola, hierve el caldo a fuego alto. Añade la quinoa, baja el fuego, cubre y cocina lentamente durante 20 minutos o hasta que la quinoa esté tierna y el líquido se haya casi absorbido. Retira del fuego y déjala reposar tapada durante 5 minutos o hasta que se absorba completamente el líquido.
2. En un bol grande, añade la quinoa, los guisantes, el pimiento naranja, el pimiento amarillo y la cebolla morada.
3. En un bol pequeño, mezcla el aceite, el perejil, el tomillo y el zumo de limón. Rocía sobre la ensalada y remueve para que todo se impregne. Sazona al gusto con sal y pimienta. Sirve la ensalada tibia o cúbrela y guárdala en la nevera durante 1 hora, hasta que esté fría, y sírvela así.

▸ Un consejo saludable

La quinoa, a diferencia de muchas otras semillas, puede considerarse una proteína completa.

Platos principales sin carne

Enchiladas de brócoli y quinoa

Este plato rico en proteínas no tiene carne, pero no le falta sabor.

Para 8 personas

Consejo

Para mantener la quinoa lo más fresca posible, puedes guardarla en un recipiente hermético en la nevera durante 6 meses o en el congelador durante 1 año.

Nutrientes por ración	
Calorías	268
Grasas	7 g
Hidratos de carbono	38 g
Proteínas	13 g
Vitamina C	18 mg
Vitamina D	1 UI
Vitamina E	1 mg
Niacina	2 mg
Folato	85 µg
Vitamina B6	0,2 mg
Vitamina B12	0,3 µg
Zinc	1,1 mg
Selenio	16 µg

- **Precalienta el horno a 180 °C.**
- **Fuente para hornear de vidrio cuadrada de 20 o 23 cm o fuente para hornear de metal, rociada con aceite en espray antiadherente.**

2 cucharaditas de aceite de oliva 10 ml
1¼ taza de cebollas picadas 300 ml
2 tazas de ramilletes de brócoli, finamente picados 500 ml
1 cucharadita de comino molido 5 ml
1½ taza de salsa picante, dividida 375 ml
1½ taza de quinoa cocida, enfriada 375 ml
1 taza de requesón o *ricotta* 250 ml
1 taza de queso *cheddar* blanco picante (viejo) rallado, dividido 250 ml
8 tortillas multicereales de 20 cm, calentadas

1. En una sartén grande, calienta el aceite a fuego medio. Añade las cebollas y cocina, removiendo, de 6 a 8 minutos o hasta que se ablanden. Añade el brócoli, el comino y ⅓ de taza (75 ml) de salsa picante; cocina, removiendo, durante 1 minuto. Retira del fuego y añade la quinoa, el requesón y ⅓ de taza (75 ml) de queso *cheddar*.
2. Con una cuchara, coloca aproximadamente ⅓ de taza (75 ml) de la mezcla de quinoa en el centro de cada tortilla multicereal caliente. Enrolla como un cigarro y colócala, con la abertura hacia abajo, en una fuente preparada para hornear. Vierte la salsa picante restante por encima.
3. Cubre y cocina en el horno precalentado de 20 a 25 minutos o hasta que esté completamente caliente. Espolvorea con el queso *cheddar* restante. Hornea durante 5 minutos más o hasta que el queso burbujee.

▸ Un consejo saludable

Con una historia que se remonta a miles de años de antigüedad, el comino tiene algunas moléculas antioxidantes potentes y se ha utilizado para las dolencias digestivas.

Quiche de espinacas y tomate

Aunque esta quiche es poco tradicional, por la masa que lo compone, el relleno a base de crema es fácil de preparar y el resultado es muy sabroso. Sírvela junto a una ensalada verde para el *brunch*, el almuerzo o una cena ligera.

Salen de 4 a 6 porciones

Consejo

Para ir avanzando, completa el paso 1. Cubre y congela durante 2 días. Cuando estés listo para cocinar, completa la receta.

Nutrientes de 1 de las 6 porciones	
Calorías	306
Grasas	24 g
Hidratos de carbono	15 g
Proteínas	9 g
Vitamina C	10 mg
Vitamina D	36 UI
Vitamina E	2 mg
Niacina	1 mg
Folato	58 µg
Vitamina B6	0,2 mg
Vitamina B12	0,5 µg
Zinc	1 mg
Selenio	10 µg

- **Fuente para hornear de 1,5 l, forrada con papel de aluminio engrasado.**
- **Olla de cocción lenta ovalada grande (mínimo 5 cuartos).**
- **Procesador de alimentos.**

Masa

1 taza de migas de galletas (aproximadamente 20 galletas) 250 ml
2 cucharadas de mantequilla derretida 30 ml

Relleno

3 huevos grandes
1 taza de crema espesa o para batir (35%) 250 ml
2 tazas de hojas de espinacas tiernas 500 ml
1 lata (398 ml) de tomates cortados en daditos, con jugo
½ taza de queso parmesano, finamente rallado 125 ml
⅓ de taza de chalotas, finamente picadas 75 ml

1. ***Masa.*** En un bol, mezcla las migas y la mantequilla. Presiona la mezcla en el fondo de la fuente. Introduce en el congelador hasta que esté lista para usar.
2. ***Relleno.*** En un procesador de alimentos, añade los huevos y la crema. Procesa hasta que se mezcle. Agrega las espinacas, los tomates, el parmesano y las chalotas; pulsa hasta que las espinacas estén picadas y los ingredientes mezclados. Vierte en la masa fría. Cubre la fuente herméticamente con papel de aluminio y asegúrala con un cordel. Colócala en una olla de cocción lenta y vierte suficiente agua hirviendo para alcanzar 2,5 cm por cada lado de la fuente.
3. Cubre y cocina a temperatura alta durante 3 a 4 horas, hasta que un palo de brocheta insertado en el centro salga limpio. Deja enfriar un poco. Sirve caliente.

▸ Un consejo saludable

Los tomates son una fuente de licopeno, un antioxidante que puede ayudar a la salud cardiovascular y ocular.

Pastel de queso y verduras con salsa de tomate y limón

Este pastel sin carne tiene mucho sabor y está cubierto con una salsa picante.

Para 6 personas

Consejo

Al comprar apio, busca piezas que estén duras. Evita las que estén descoloridas o agrietadas, ya que no son frescas. En esta receta, el apio se utiliza para dar sabor al pastel. Pero el apio también es uno de los mejores bocados saludables de todos los tiempos. Tenlo a mano, ya que se conserva muy bien refrigerado.

Nutrientes por ración	
Calorías	327
Grasas	19 g
Hidratos de carbono	24 g
Proteínas	15 g
Vitamina C	37 mg
Vitamina D	26 UI
Vitamina E	1 mg
Niacina	1 mg
Folato	61 µg
Vitamina B6	0,2 mg
Vitamina B12	0,7 µg
Zinc	0,8 mg
Selenio	15 µg

- **Precalienta el horno a 180 °C.**
- **Molde de 23 x 12,5 cm, ligeramente engrasado**

¾ de taza de cebolla, finamente picada 175 ml
3 cucharadas de mantequilla o margarina 45 ml
¾ de taza de apio, finamente picado 175 ml
2 zanahorias, peladas y ralladas
2 tazas de requesón 500 ml
2 tazas de pan rallado fresco 500 ml
2 huevos grandes, bien batidos
Ralladura y zumo de ½ limón
1 cucharadita de sal 5 ml
½ cucharadita de pimienta negra recién molida 2 ml
¼ de cucharadita de albahaca seca 1 ml

Salsa de tomate y limón

2½ tazas de zumo de tomate, dividido 625 ml
1 cebolla, cortada por la mitad
4 ramitas de perejil fresco
1 hoja de laurel
1 diente entero de ajo
½ cucharadita de albahaca seca 2 ml
½ cucharadita de azúcar granulado 2 ml
⅓ de taza de mantequilla o margarina 75 ml
¼ de taza de harina para todo uso
Zumo de ½ limón 60 ml

1. En una sartén mediana a fuego medio, cocina la cebolla en mantequilla derretida durante unos 5 minutos o hasta que esté tierna. Añade el apio y las zanahorias; cocina 1 minuto.
2. En un bol grande, mezcla el requesón, el pan rallado, los huevos, la ralladura y el zumo de limón, la sal, la pimienta y la albahaca. Añade los vegetales; remueve.
3. Coloca la mezcla en el molde. Cocina en el horno precalentado durante 35 a 40 minutos o hasta que, al insertar un cuchillo en el centro, este salga limpio. Después, desmolda.

→

Pastel de queso y verduras con salsa de tomate y limón

Consejo

Para mantener el perejil fresco, envuélvelo en varias capas de papel de cocina e introdúcelo en una bolsa de plástico. Guárdalo en la zona menos fría de tu nevera; por ejemplo, en la zona de la mantequilla o en la puerta.

4. ***Salsa.*** En una cacerola mediana, mezcla 1½ taza (375 ml) de zumo de tomate, cebolla, perejil, laurel, ajo, albahaca y azúcar. Llévalo a ebullición, baja el fuego y cocina lentamente durante 15 a 20 minutos. Pasa la mezcla a través de un colador. Reserva el tomate tamizado obtenido.
5. En una cacerola pequeña, derrite la mantequilla y mezcla la harina; cocina de 1 a 2 minutos. Añade gradualmente el zumo de tomate restante. Cocina, removiendo constantemente, de 4 a 5 minutos o hasta que esté suave y espeso. Añade el tomate tamizado que habías reservado anteriormente y el zumo de limón. Vuelve a calentar a temperatura de servicio. Para emplatar, corta el pastel en rodajas y vierte la salsa sobre ellas.

Un consejo saludable

Se ha demostrado que el licopeno de los tomates es uno de los fitoquímicos más útiles para la prevención del cáncer.

Esta receta es cortesía de Margaret McIntyre.

Chili de tres alubias

¿A quién no le gusta un buen plato de chili? Esta versión ofrece todos los beneficios de las alubias, el ajo, la cebolla y las especias, sin las grasas saturadas.

Salen de 6 a 8 raciones

Consejos

Debido a que los tamaños de los envases son distintos, proporcionamos diversas cantidades de alubias en nuestras recetas. Si utilizas envases de 540 ml, añade un poco más de chile en polvo al gusto.

Usa tomates cortados en daditos con o sin condimentos.

Nutrientes de 1 de las 8 raciones	
Calorías	213
Grasas	3 g
Hidratos de carbono	38 g
Proteínas	11 g
Vitamina C	36 mg
Vitamina D	0 UI
Vitamina E	2 mg
Niacina	3 mg
Folato	92 µg
Vitamina B6	0,4 mg
Vitamina B12	0 µg
Zinc	1,3 mg
Selenio	4 µg

1 cucharada de aceite vegetal 15 ml
1 cebolla grande, picada gruesa
1 pimiento rojo, cortado en dados de 2,5 cm
2 dientes de ajo, picados (aproximadamente 2 cucharaditas/10 ml)
1½ cucharada de chile en polvo 22 ml
1½ cucharadita de comino molido 7 ml
½ cucharadita de orégano seco 2 ml
½ cucharadita de canela molida 2 ml
½ cucharadita de pimienta molida 2 ml
¼ de cucharadita de guindilla 1 ml
2 tazas de caldo de verduras listo para usar 500 ml
½ taza de pasta de tomate 125 ml
1 envase (398 a 540 ml) de alubias negras, escurridas y enjuagadas
1 envase (398 a 540 ml) de alubias pintas, escurridas y enjuagadas
1 envase (398 a 540 ml) de alubias blancas, escurridas y enjuagadas
1 lata (796 ml) de tomates cortados en daditos, con jugo (véase el consejo, a la izquierda)
1 cucharada de vinagre de vino tinto 15 ml

1. En una olla grande, calienta el aceite a fuego medio durante 30 segundos. Añade la cebolla y el pimiento rojo y cocina, removiendo, durante 3 minutos o hasta que se ablanden. Añade el ajo y rehoga, removiendo, durante 1 minuto. Añade el chile en polvo, el comino, el orégano, la canela, la pimienta y la guindilla; cocina, removiendo, durante 1 minuto.
2. Añade el caldo de verduras y aumenta el fuego a medio-alto. Deja hervir lentamente y cocina durante 5 minutos o hasta que la pimienta se suavice. Añade la pasta de tomate y remueve bien. Agrega las alubias negras, pintas y blancas, los tomates y el vinagre. Llévalo de nuevo a ebullición. Baja el fuego, tapa y cocina a fuego lento durante 35 minutos o hasta que espese.

Pescados y mariscos

Sándwich de ensalada de salmón con manzana y jengibre

Aquí tenemos otro uso para el salmón en lata, que se ajusta a muchos presupuestos pero que todavía ofrece los beneficios de este nutritivo pescado.

Para 4 personas

Consejo

Remueve el salmón con suavidad para conseguir una ensalada crujiente; hazlo vigorosamente para obtener una textura más suave.

Variación

Es posible sustituir el salmón por atún enlatado.

Nutrientes por ración	
Calorías	299
Grasas	10 g
Hidratos de carbono	37 g
Proteínas	17 g
Vitamina C	4 mg
Vitamina D	248 UI
Vitamina E	1 mg
Niacina	6 mg
Folato	56 µg
Vitamina B6	0,1 mg
Vitamina B12	2,6 µg
Zinc	1,1 mg
Selenio	35 µg

- **Precalienta la parrilla.**

1 lata (213 g) de salmón, escurrido
¼ de taza de mayonesa *light* 60 ml
2 cucharadas de cebolleta, finamente picada 30 ml
¼ de taza de manzana, finamente picada 60 ml
1 cucharada de zumo de limón recién exprimido 15 ml
1 cucharadita de jengibre, finamente rallado 5 ml
2 cucharaditas de curri en polvo 10 ml
½ cucharadita de cayena 2 ml
4 panecillos finos de hamburguesa de harina integral, partidos
3 cucharadas de mermelada de jengibre 45 ml
1 manzana, pelada y cortada en 8 rodajas (opcional)
1 cucharada de miel líquida (opcional) 15 ml

1. En un bol pequeño, añade el salmón, la mayonesa, la cebolleta, la manzana picada, el zumo de limón, el jengibre, el curri en polvo y la cayena.
2. Coloca los panecillos de hamburguesa con el lado cortado hacia arriba en una bandeja para hornear. Unta cada mitad con aproximadamente 1 cucharadita (5 ml) de mermelada de jengibre. Reparte la mezcla de salmón uniformemente en cada mitad. Si lo deseas, coloca 1 rodaja de manzana sobre la mezcla de salmón y unta con miel.
3. Asa a la parrilla durante 4 a 5 minutos o hasta que la mezcla de salmón esté tibia.

▸ Un consejo saludable

El jengibre es un agente antiinflamatorio y antiemético, y activa la digestión incluso en personas sanas.

Esta receta es cortesía de la dietista Mary Sue Waisman.

Mezcla tibia de atún

Esta es una excelente opción para el atún, y puedes convertir esta simple receta en un delicioso almuerzo de fin de semana o en una cena rápida.

Para 8 personas

Consejo

La mezcla de atún también es un excelente relleno para sándwiches, enchiladas y pan de pita, así como un excelente aliño para ensaladas verdes o espinacas.

Si lo deseas, sustituye el atún por salmón.

- **Precalienta el horno.**
- **Bandeja grande para hornear.**

2 latas (170 g) de atún claro al natural, escurrido
¼ de taza de apio, finamente picado 60 ml
¼ de taza de pepinillos agridulces o condimentos dulces, finamente picados 60 ml
¼ de taza de pimiento rojo o verde, finamente picado (opcional) 60 ml
¼ de taza de mayonesa *light* 60 ml
2 cucharadas de yogur natural bajo en grasa 30 ml
1 cucharada de zumo de limón o jugo de pepinillos 15 ml
1 *baguette*
½ taza de queso *cheddar* rallado 125 ml

1. En un bol, mezcla el atún, el apio, los pepinillos, el pimiento rojo o verde (si se usa), la mayonesa, el yogur y el zumo de limón. Remueve bien todos estos ingredientes.
2. Corta la *baguette* por la mitad a lo largo. Corta cada mitad en 4 porciones iguales, para un total de 8; colócalas en una bandeja para hornear. Con el horno precalentado, tuéstalas entre 1 y 2 minutos o hasta que estén doradas.
3. Retira del horno; reparte la mezcla de atún uniformemente sobre cada pieza. Espolvorea con queso. Ásalo entre 2 y 3 minutos o hasta que el queso se derrita y se dore.

▸ Un consejo saludable

El yogur y el queso pueden aportar algo del calcio que necesitamos en el caso de muchas personas que no toleran bien la leche de vaca.

Esta receta es cortesía del dietista Bev Callaghan.

Nutrientes por ración	
Calorías	196
Grasas	3 g
Hidratos de carbono	24 g
Proteínas	17 g
Vitamina C	7 mg
Vitamina D	1 UI
Vitamina E	0 mg
Niacina	6 mg
Folato	7 μg
Vitamina B6	0,2 mg
Vitamina B12	1,3 μg
Zinc	0,5 mg
Selenio	36 μg

Pasta integral con langostinos y verduras

Este es un plato que presenta muchas de las excelentes características de la dieta mediterránea y es fácil de preparar.

Para 6 personas

Variaciones

Cambia algunos de los vegetales por otros. Puedes probar los guisantes dulces o las espinacas en lugar del brócoli, o el pimiento amarillo o la zanahoria en vez del pimiento rojo. O prueba una mezcla de vegetales congelados.

Este plato no tiene mucha salsa. Si prefieres un plato más sabroso, añade un poco de pesto o una salsa cremosa de tomate.

Si usas pesto, omite el condimento italiano.

Nutrientes por ración	
Calorías	331
Grasas	4 g
Hidratos de carbono	59 g
Proteínas	20 g
Vitamina C	59 mg
Vitamina D	1 UI
Vitamina E	2 mg
Niacina	5 mg
Folato	86 µg
Vitamina B6	0,4 mg
Vitamina B12	0,6 µg
Zinc	2,5 mg
Selenio	18 µg

4 tazas de pasta integral (como *fusilli* o *penne*) 1 l
1 cucharada de aceite de oliva 15 ml
3 dientes de ajo picados
1 manojo de brócoli, picado
1 pimiento rojo, en rodajas
2 tazas de tomates pera, cortados por la mitad 500 ml
375 g de langostinos, pelados y cortados por la mitad
1 cucharadita de condimento de hierbas italianas secas 5 ml
½ cucharadita de sal 2 ml
½ cucharadita de pimienta negra recién molida 2 ml

1. Cocina la pasta al dente según las indicaciones del fabricante que figuran en el paquete. Escúrrela.
2. Mientras tanto, calienta una sartén grande a fuego medio-alto. Añade aceite y muévelo para cubrir el fondo. Sofríe el ajo durante 1 minuto, con cuidado de no quemarlo. Añade el brócoli, el pimiento rojo y los tomates; saltea durante 5 a 7 minutos o hasta que los vegetales estén tiernos y crujientes. Agrega los langostinos y cocina, dándoles la vuelta una vez, hasta que estén hechos y ligeramente dorados, aproximadamente 4 minutos. Añade la pasta, el condimento italiano, la sal y la pimienta.

▸ Un consejo saludable

El grano integral, el aceite de oliva, el pimiento rojo, el brócoli y el ajo, presentes en el plato, forman parte de una alimentación sana para el corazón, tan importante para la salud del cerebro a largo plazo.

Esta receta es cortesía de la dietista Beth Gould.

Risotto de langostinos con corazones de alcachofa y parmesano

La textura firme del arroz Arborio bien cocido complementa perfectamente la carnosidad de los langostinos en este plato clásico.

Para 4 personas

Consejo

Si no tienes el tiempo o los ingredientes necesarios para preparar el caldo de mariscos desde cero, puedes comprarlo ya hecho en tetrabrik o en polvo (1 cucharadita/5 ml en 1 taza/250 ml de agua hirviendo da 1 taza/250 ml de caldo). Ten en cuenta, sin embargo, que estos caldos presentan un exceso de sodio. Redúcelo añadiendo solo 1/2 cucharadita del caldo en polvo (2 ml).

Nutrientes por ración	
Calorías	303
Grasas	4 g
Hidratos de carbono	49 g
Proteínas	18 g
Vitamina C	6 mg
Vitamina D	2 UI
Vitamina E	1 mg
Niacina	6 mg
Folato	171 µg
Vitamina B6	0,3 mg
Vitamina B12	0,9 µg
Zinc	1,7 mg
Selenio	25 µg

3 tazas de caldo de pollo o mariscos listo para usar 750 ml
½ taza de cebolla picada 125 ml
2 cucharaditas de ajo picado 10 ml
1 taza de arroz Arborio 250 ml
1 cucharadita de albahaca seca 5 ml
½ lata (398 ml) de corazones de alcachofa, escurridos y picados
250 g de langostinos, pelados, sin el intestino y picados
¼ de taza de cebolleta picada 60 ml
¼ de taza de queso parmesano bajo en grasa recién rallado 60 ml
¼ de cucharadita de pimienta negra recién molida 1 ml

1. En una cacerola a fuego medio-alto, hierve el caldo; baja el fuego. En otra cacerola antiadherente rociada con aceite vegetal, cocina la cebolla y el ajo a fuego medio-alto durante 3 minutos o hasta que se ablanden. Añade el arroz y la albahaca; cocina durante 1 minuto.
2. Con un cucharón, añade ½ taza (125 ml) de caldo caliente al arroz; remueve constantemente para evitar que el arroz se pegue al recipiente. Cuando se absorba el líquido, añade otra ½ taza (125 ml) de caldo. Baja el fuego si es necesario para mantener una cocción lenta y constante. Repite este proceso, añadiendo un cucharón de caldo caliente y removiendo constantemente, durante 15 minutos, hasta que la cantidad de caldo añadido se reduzca a ¼ de taza (60 ml) cerca del final del tiempo de cocción.
3. Agrega las alcachofas y los langostinos; cocina, añadiendo más caldo según sea necesario, durante 3 minutos o hasta que los langostinos se pongan rosados y el arroz esté tierno pero firme. Añade las cebolletas, el queso parmesano y la pimienta. Sirve inmediatamente.

▸ Un consejo saludable

Se ha demostrado que las alcachofas tienen un efecto reductor del colesterol.

Pad thai

Aquí llega el más clásico de los platos tailandeses. Esta versión requiere algunos ingredientes especiales, pero le dan un auténtico sabor asiático.

Para 4 personas

Consejos

Para obtener la mayor cantidad de zumo de las frutas cítricas, déjalas a temperatura ambiente durante unos 15 minutos, luego hazlas rodar sobre la encimera varias veces antes de exprimirlas.

Para obtener 3 cucharadas (45 ml) de zumo de limón, necesitarás de 2 a 3 limones medianos.

Nutrientes por ración	
Calorías	579
Grasas	25 g
Hidratos de carbono	67 g
Proteínas	26 g
Vitamina C	16 mg
Vitamina D	23 UI
Vitamina E	4 mg
Niacina	8 mg
Folato	113 µg
Vitamina B6	0,5 mg
Vitamina B12	0,7 µg
Zinc	2,7 mg
Selenio	31 µg

250 g de fideos de arroz medianos
3 cucharadas de caldo de pollo listo para usar, kétchup o salsa de tomate 45 ml
3 cucharadas de zumo de limón recién exprimido o pasta de tamarindo 45 ml
2 cucharadas de salsa de pescado *(nam pla)* 30 ml
2 cucharadas de azúcar de palma o azúcar moreno 30 ml
½ cucharadita de salsa de chile picante 2 ml
3 cucharadas de aceite vegetal, dividido 45 ml
2 huevos grandes, batidos
3 dientes de ajo, picados
125 g de langostinos, pelados y cortados en trozos pequeños
125 g de pollo o cerdo deshuesado, cortado en trozos pequeños
2 tazas de brotes de soja, divididos 500 ml
2 cebolletas picadas
¼ de taza de cacahuetes picados 60 ml
¼ de taza de hojas de cilantro frescas picadas 60 ml
Chiles rojos frescos, cortados en tiras (opcional)
1 lima, cortada en gajos

1. Para ablandar los fideos, colócalos en un bol grande. Cúbrelos con agua muy caliente y déjalos reposar de 10 a 12 minutos o hasta que se ablanden, pero que aún estén firmes (pellízcalos para comprobarlo). Enjuágalos bien con agua fría y escúrrelos.
2. En un bol pequeño, mezcla el caldo, el zumo de limón, la salsa de pescado, el azúcar y la salsa picante.
3. Calienta un wok a fuego medio-alto y añade 1 cucharada (30 ml) de aceite. Añade los huevos batidos a la sartén caliente y remueve para cubrir todo el fondo. Cocina hasta que comience a cuajar, luego remueve para romper en pedazos. Retira del wok y reserva.
4. Añade el aceite restante al wok. Cuando esté caliente, añade el ajo, los langostinos y el pollo y saltea hasta que los langostinos y el pollo estén hechos. Añade los fideos y la mezcla de salsa reservada y cocina de 1 a 2 minutos.
5. Añade 1 taza (250 ml) de brotes de soja y huevos cocidos (opcional), y mezcla.
6. Coloca los fideos en una fuente para servir. Espolvorea con los brotes de soja restantes, las cebolletas, los cacahuetes, el cilantro y los chiles (si los usas). Adorna con rodajas de lima.

Platos principales con carne

Pechugas de pollo al romero con boniato y cebolla

Este plato hace un buen uso del fragante romero, añadido de dos maneras.

Para 4 personas

Consejos

Haz lotes adicionales de mantequilla de romero: forma dados, envuélvelos en film transparente y guárdalos en el congelador. Córtalos en láminas y utilízalos para meter debajo de la piel de las pechugas de pollo para asar enteras, o para cubrir carnes asadas.

- **Precalienta el horno a 190 °C.**
- **Fuente para hornear de 33 x 23 cm, engrasada.**

2 boniatos (aproximadamente 750 g)
1 cebolla
1½ cucharadita de romero fresco, picado (o ½ cucharadita/2 ml de romero seco, desmenuzado) 7 ml
Sal y pimienta negra recién molida
4 pechugas de pollo con piel y hueso

Mantequilla de romero
2 cucharadas de mantequilla 30 ml
1 diente de ajo grande, picado
1 cucharadita de ralladura de limón 5 ml
2 cucharaditas de romero fresco, picado (o ¾ de cucharadita/3 ml de romero seco, desmenuzado) 10 ml
¼ de cucharadita de sal 1 ml
¼ de cucharadita de pimienta negra recién molida 1 ml

1. Pela los boniatos y la cebolla; corta en rodajas finas. Coloca en capas en una fuente para hornear. Condimenta con romero, sal y pimienta al gusto.
2. ***Mantequilla de romero.*** En un bol pequeño, mezcla la mantequilla, el ajo, la ralladura de limón, el romero, la sal y la pimienta. Divide en cuatro porciones.
3. Coloca las pechugas de pollo, con la piel hacia arriba, sobre la superficie de trabajo. Elimina la grasa que veas debajo de la piel. Presiona hacia abajo sobre el esternón para aplanarlas ligeramente. Tira con cuidado de la piel de la pechuga y coloca mantequilla de romero debajo, dando palmaditas para distribuir uniformemente.
4. Coloca el pollo sobre los vegetales en la fuente para hornear. Asa de 45 a 55 minutos o hasta que las verduras estén tiernas y el pollo tenga un bonito color.

Nutrientes por ración	
Calorías	251
Grasas	9 g
Hidratos de carbono	15 g
Proteínas	26 g
Vitamina C	5 mg
Vitamina D	10 UI
Vitamina E	1 mg
Niacina	13 mg
Folato	16 µg
Vitamina B6	1,1 mg
Vitamina B12	0,3 µg
Zinc	0,9 mg
Selenio	38 µg

▸ Un consejo saludable

El romero contiene ácido rosmarínico, un compuesto que ayuda al cuerpo a realizar reacciones de desintoxicación.

Pollo a las tres especias con patatas

Los muslos de pollo tienden a permanecer húmedos mientras se cocinan, lo que es idóneo para absorber los ricos sabores especiados de este plato.

Para 8 personas

Consejos

Para tostar las semillas de cilantro, extiéndelas en una sartén. Cocina a fuego medio, agitando la sartén de vez en cuando para tostar uniformemente, hasta que las semillas estén un poco más oscuras y aromáticas, de 4 a 5 minutos. Deja enfriar. Tritura en un molinillo de especias hasta obtener un polvo.

Una forma rápida de acceder a las semillas de cardamono es poner las vainas enteras en un molinillo de especias o en una licuadora. Con unos pocos movimientos de encendido y apagado, las cáscaras se soltarán. Retira y desecha las cáscaras.

Nutrientes por ración	
Calorías	349
Grasas	13 g
Hidratos de carbono	28 g
Proteínas	30 g
Vitamina C	32 mg
Vitamina D	7 UI
Vitamina E	2 mg
Niacina	11 mg
Folato	43 µg
Vitamina B6	0,8 mg
Vitamina B12	0,5 µg
Zinc	3,3 mg
Selenio	20 µg

6 patatas
16 muslos de pollo deshuesados y sin piel (aproximadamente 2 kg)
¼ de taza de aceite vegetal 60 ml
⅓ de taza de semillas de cilantro, recién tostadas y trituradas en un molinillo de especias (véase consejo, a la izquierda) 75 ml
¼ de taza de semillas de cardamomo, trituradas en trozos grandes (véase consejo, a la izquierda) 60 ml
1 cucharada de granos de pimienta negra, triturados gruesos 15 ml
1¼ cucharadita de sal (o al gusto) 6 ml
Tomates cherri, cortados por la mitad

1. En una cacerola con agua hirviendo, cocina las patatas enteras con piel hasta que estén tiernas, de 20 a 25 minutos. Escúrrelas. Cuando estén lo suficientemente frías para manipularlas, pélalas y córtalas en cuartos. Resérvalas.
2. Enjuaga el pollo y sécalo. En un wok o sartén grande con tapa hermética, calienta el aceite a fuego medio-alto. Añade el pollo.
3. Mezcla el cilantro en polvo, las semillas de cardamomo, la pimienta y la sal. Espolvorea uniformemente sobre el pollo. Baja el fuego a medio. Tapa y cocina, agitando la sartén de vez en cuando para evitar que se pegue. No lo remuevas (habrá una buena cantidad de líquido del pollo mientras se cocina). Después de 8 a 10 minutos, cuando no haya más líquido, añade las patatas. Dora suavemente el pollo y las patatas. Si el pollo no está hecho, añade de 2 a 3 cucharadas (30 a 45 ml) de agua. Tapa y cocina a fuego lento hasta que las patatas estén tiernas y el pollo ya no esté rosado por dentro, de 10 a 12 minutos.
4. Para servir: deposita los ingredientes en una fuente y decora con tomates cherri cortados por la mitad.

▸ Un consejo saludable

En la medicina ayurvédica, el cardamomo se ha utilizado durante siglos para tratar la indigestión.

Pollo al ajillo

En Tailandia, esta receta se prepararía con trozos de pollo enteros con piel, pero esta versión utiliza pechugas de pollo deshuesadas y sin piel. El pollo sobrante estará delicioso en ensaladas o sándwiches.

Para 4 personas

Variación

Tofu al ajillo. Reemplaza el pollo por 375 g de tofu firme cortado en láminas de 1 cm. Para una versión vegetariana, cambia la salsa de pescado por salsa de soja. Deja marinar el tofu durante 3 horas. Ásalo a la parrilla entre 3 y 4 minutos por cada lado, o hasta que esté dorado.

Nutrientes por ración	
Calorías	205
Grasas	5 g
Hidratos de carbono	3 g
Proteínas	37 g
Vitamina C	7 mg
Vitamina D	9 UI
Vitamina E	0 mg
Niacina	18 mg
Folato	10 µg
Vitamina B6	1,3 mg
Vitamina B12	0,4 µg
Zinc	1,1 mg
Selenio	55 µg

- **Procesador de alimentos.**

4 dientes de ajo, pelados
2 chalotas, peladas
1 taza de hojas, tallos y raíces de cilantro fresco 250 ml
3 cucharadas de zumo de lima o limón recién exprimido 45 ml
2 cucharaditas de salsa de pescado *(nam pla)* 10 ml
1 cucharadita de pimienta negra recién molida 5 ml
4 pechugas de pollo deshuesadas y sin piel (cada una de aproximadamente 175 g)

1. En un procesador de alimentos, mezcla el ajo, las chalotas, el cilantro, el zumo de lima o limón, la salsa de pescado y la pimienta; tritura hasta que quede homogéneo.
2. Coloca las pechugas de pollo en un plato poco profundo. Vierte la marinada sobre el pollo y dale la vuelta para que se impregne bien. Cubre y deja marinar en la nevera durante 2 horas o toda la noche.
3. Precalienta la parrilla a fuego alto.
4. Retira el pollo de la marinada, desechándola. Asa el pollo durante 6 minutos por cada lado o hasta que ya no esté rosado por dentro, con cuidado de no cocinarlo demasiado. Sirve caliente, tibio o frío.

▸ Un consejo saludable

El ajo tiene algunos efectos beneficiosos sobre el colesterol en sangre, especialmente el ajo fresco picado justo antes de ser usado.

Pollo al curri rojo con guisantes y anacardos

Este plato es una forma deliciosa y picante de satisfacer el antojo del curri tailandés.

Para 4 personas

Consejos

Si no dispones de hojas de lima, sustitúyelas por ½ cucharadita (2 ml) de ralladura fina de lima que agregarás al zumo de limón en el paso 2.

Los anacardos proporcionan una mejor textura a la salsa si se trituran en un procesador de alimentos no muy finos (con mantequilla). Puedes necesitar más de ¼ de taza (60 ml), dependiendo del tamaño de tu procesador. Recuerda que los anacardos molidos pueden ser congelados para un uso futuro.

Nutrientes por ración	
Calorías	328
Grasas	29 g
Hidratos de carbono	16 g
Proteínas	5 g
Vitamina C	47 mg
Vitamina D	0 UI
Vitamina E	1 mg
Niacina	2 mg
Folato	52 µg
Vitamina B6	0,2 mg
Vitamina B12	0 µg
Zinc	1,4 mg
Selenio	2 µg

1 cucharada de aceite vegetal 15 ml
1 pimiento rojo o amarillo, en rodajas finas
1 taza de guisantes frescos o congelados 250 ml
2 hojas de lima silvestre (véase consejo, a la izquierda)
¼ de taza de anacardos tostados y salados, molidos o picados (véase el consejo, a la izquierda) 60 ml
1 cucharada de azúcar moreno o azúcar de palma 15 ml
1 lata (400 ml) de leche de coco
¼ de taza de agua 60 ml
1 cucharada de pasta de curri rojo tailandés 15 ml
500 g de pechugas o muslos de pollo deshuesados y sin piel, cortados en tiras finas
2 cucharadas de zumo de limón recién exprimido 30 ml
Sal
Anacardos tostados salados
Menta fresca picada y/o albahaca tailandesa
Rodajas de limón

1. En una sartén grande, calienta el aceite a fuego medio. Añade el pimiento rojo o amarillo, los guisantes y las hojas de lima; cocina, removiendo, hasta que el pimiento comience a ablandarse, aproximadamente 1 minuto. Añade los anacardos molidos, el azúcar moreno, la leche de coco, el agua y la pasta de curri; lleva a ebullición, removiendo para que se mezcle todo muy bien. Baja el fuego y que hierva suavemente, removiendo con frecuencia, hasta que espese un poco, alrededor de 2 minutos.
2. Añade el pollo y que vuelva a hervir a fuego medio removiendo. Baja el fuego y cocina lentamente, removiendo con frecuencia, hasta que el pollo ya no esté rosado por dentro y los guisantes estén tiernos y crujientes, aproximadamente 5 minutos. Desecha las hojas de lima, si lo deseas. Añade el zumo de limón y sazona al gusto con sal. Sirve la receta espolvoreada con anacardos, menta y/o albahaca, y adornada con rodajas de limón para exprimir por encima.

Cerdo a la parrilla con hierba limón

Esta versión aromática y especiada del asado de cerdo incorporará algo de variedad a tu mesa.

Para 4 personas

Consejo

Si estás vigilando tu consumo de sodio, busca una salsa de soja con bajo contenido en sodio, que ahora encontrarás disponible en cualquier supermercado o tienda de comestibles.

Nutrientes por ración	
Calorías	168
Grasas	8 g
Hidratos de carbono	6 g
Proteínas	19 g
Vitamina C	1 mg
Vitamina D	9 UI
Vitamina E	0 mg
Niacina	6 mg
Folato	11 µg
Vitamina B6	0,7 mg
Vitamina B12	0,5 µg
Zinc	1,8 mg
Selenio	27 µg

3 cucharadas de leche de coco 45 ml
3 cucharadas de hierba limón *(lemongrass)*, finamente picada (solo la parte blanca) 45 ml
2 dientes de ajo, picados
1 cebolleta, finamente picada
2 cucharadas de salsa de pescado *(nam pla)* 30 ml
1 cucharada de salsa de soja 15 ml
1 cucharada de azúcar granulado 15 ml
2 cucharaditas de aceite de sésamo 10 ml
½ cucharadita de chiles rojos frescos, picados en trozos grandes 2 ml
½ cucharadita de pimienta negra recién molida 2 ml
1 lomo de cerdo (aproximadamente 375 g), limpio y cortado transversalmente en rodajas de 1 cm

1. En un bol, combina la leche de coco, la hierba limón, el ajo, la cebolleta, la salsa de pescado, la salsa de soja, el azúcar, el aceite de sésamo, los chiles y la pimienta.
2. Coloca las rodajas de cerdo en un plato poco profundo. Vierte la marinada sobre la carne y dale la vuelta para que se impregne bien por todos los lados. Cubre y deja marinar, en la nevera, durante varias horas.
3. Asa el cerdo de 4 a 6 minutos por cada lado o hasta que ya no esté rosado.

▸ Un consejo saludable

La hierba limón *(lemongrass)* está llena de aceites esenciales que ejercen numerosos efectos (antioxidantes y antiinflamatorios) para el organismo.

Ternera suiza picante

La ternera suiza evoca un recuerdo de cocinas cálidas, hornos calientes y comida reconfortante en un frío día de invierno. Pero puedes disfrutar de este plato en cualquier momento.

Para 8 personas

Consejo

Este plato se puede preparar parcialmente la noche anterior. Completa el paso 2, calentando 1 cucharada (15 ml) de aceite en una sartén antes de pochar las cebollas, la zanahoria y el apio. Cubre y guarda en la nevera la mezcla durante la noche. A la mañana siguiente, dora la ternera (paso 1), u omite este paso y coloca la ternera directamente en la bandeja de servir. Continúa cocinando como se indica. Alternativamente, cocina la ternera suiza durante la noche y guárdala en la nevera. Cuando esté lista para servir, caliéntala en una sartén grande a fuego lento durante 10 minutos, hasta que esté bien caliente y la salsa burbujee.

Nutrientes por ración	
Calorías	224
Grasas	8 g
Hidratos de carbono	11 g
Proteínas	26 g
Vitamina C	14 mg
Vitamina D	0 UI
Vitamina E	2 mg
Niacina	8 mg
Folato	21 µg
Vitamina B6	0,9 mg
Vitamina B12	4,9 µg
Zinc	4,7 mg
Selenio	37 µg

- **Olla de cocción lenta.**

1 cucharada de aceite vegetal 15 ml
1 kg de redondo de ternera
2 cebollas, finamente picadas
¼ de taza de zanahorias en rodajas finas 60 ml
¼ de taza de apio en rodajas finas 60 ml
½ cucharadita de sal 2 ml
¼ de cucharadita de pimienta negra recién molida 1 ml
2 cucharadas de harina para todo uso 30 ml
1 lata (796 ml) de tomates, escurridos y picados, ½ taza (125 ml) de jugo reservado
1 cucharada de salsa Worcestershire 15 ml
1 hoja de laurel

1. En una sartén, calienta el aceite a fuego medio-alto. Añade el redondo de ternera, en trozos si es necesario, y dora por ambos lados. Pásalo a una olla de gres de cocción lenta.
2. Reduce el fuego a medio-bajo. Añade la cebolla, la zanahoria, el apio, la sal y la pimienta a la sartén. Tapa y cocina hasta que las verduras se ablanden, aproximadamente 8 minutos. Espolvorea harina sobre las verduras y cocina durante 1 minuto, removiendo. Añade los tomates, el jugo reservado y la salsa Worcestershire. Lleva a ebullición, removiendo hasta que espese un poco. Añade la hoja de laurel.
3. Vierte la mezcla de tomate sobre la ternera y cocina a temperatura baja durante 8 a 10 horas o a temperatura alta durante 4 a 5 horas, hasta que la carne esté tierna. Desecha la hoja de laurel.

▸ Un consejo saludable

Aunque no es necesario comer carne de vacuno todos los días, es una excelente fuente de hierro hem, que se absorbe fácilmente y ayuda a mantener los niveles normales de hemoglobina en el cuerpo. Es especialmente importante para las personas mayores y para aquellos con antecedentes de anemia.

Ternera con brócoli

Este sofrito clásico tiene los condimentos adecuados, incluida la salsa de ostras, para sacar lo mejor de la carne.

Salen de 4 a 6 raciones

Consejo

Cuando prepares alimentos para sofreír, córtalos en trozos pequeños de aproximadamente el mismo tamaño para que se cocinen rápidamente y en el mismo tiempo. Ten la salsa y los ingredientes preparados y fácilmente accesibles antes de comenzar a cocinar.

Nutrientes de 1 de las 6 raciones	
Calorías	216
Grasas	8 g
Hidratos de carbono	17 g
Proteínas	21 g
Vitamina C	94 mg
Vitamina D	2 UI
Vitamina E	3 mg
Niacina	6 mg
Folato	87 µg
Vitamina B6	0,8 mg
Vitamina B12	0,7 µg
Zinc	3,6 mg
Selenio	26 µg

500 g de solomillo de ternera, cortado en lonchas finas
¼ de taza de salsa de soja 60 ml
2 cucharadas de maicena, dividida 30 ml
1 diente de ajo picado
1 rodaja fina de raíz de jengibre, picada
2 cucharadas de aceite de cártamo, dividido 30 ml
2 cebollas, cortadas en gajos
3 zanahorias grandes, cortadas en rodajas
1 brócoli, cortado en ramilletes
1 y ¼ de tazas de agua, por separado 300 ml
1 cucharada de salsa de ostras 15 ml
1 cucharadita de azúcar granulado 5 ml

1. Coloca el solomillo en un bol mediano. En un recipiente aparte, combina la salsa de soja, 1 cucharada (15 ml) de maicena, el ajo y el jengibre; vierte sobre el solomillo.
2. En un wok o sartén antiadherente, calienta 1 cucharada (15 ml) de aceite a fuego alto. Añade la carne y saltea hasta que se dore. Reserva.
3. En un wok, calienta el aceite restante a fuego alto. Añade las cebollas y sofríe durante 1 minuto. Añade las zanahorias, el brócoli y 1 taza (250 ml) de agua; cubre y cocina al vapor durante 4 minutos.
4. Combina el agua restante (1/4 de taza), la salsa de ostras, la maicena restante y el azúcar. Añade la salsa al wok; cocina hasta que quede suave y espesa. Incorpora la carne al wok. Vuelve a calentar a la temperatura idónea para ser servida.

▸ Un consejo saludable

El brócoli tiene importantes compuestos que previenen el cáncer y el envejecimiento, y este plato es una forma de obtener una ración completa.

Esta receta es cortesía de M. Kathy Dyck.

Ternera con naranja y jengibre

Este plato equilibra la pesadez de la carne con una variedad de especias aromáticas, incluido el cilantro fresco.

Para 4 personas

Consejos

El redondo es un corte magro de la ternera. Marinarlo antes de cocinarlo maximiza su ternura. Asegúrate de no amontonar la carne mientras la salteas, o se cocinará al vapor en lugar de dorarse.

Es posible que debas dorarlo en tres veces si tienes una sartén pequeña.

Variación

Usa tirabeques cortados en lugar de champiñones.

Nutrientes por ración	
Calorías	289
Grasas	14 g
Hidratos de carbono	13 g
Proteínas	26 g
Vitamina C	26 mg
Vitamina D	2 UI
Vitamina E	1 mg
Niacina	10 mg
Folato	38 μg
Vitamina B6	0,9 mg
Vitamina B12	4,9 μg
Zinc	4,7 mg
Selenio	38 μg

2 cucharadas de raíz de jengibre picada 30 ml
1 cucharada de ajo picado 15 ml
1 cucharadita de pimienta negra recién molida 5 ml
2 cucharadas de aceite de oliva, dividido 30 ml
1 cucharada de salsa hoisin 15 ml
500 g de redondo de ternera para marinar, cortado en tiras de 7,5 por 1 cm
1 cucharada de maicena 15 ml
1 cucharada de ralladura de naranja 15 ml
¾ de taza de zumo de naranja 175 ml
2 tazas de champiñones en cuartos 500 ml
2 cucharadas de cilantro fresco picado 30 ml

1. En un bol poco profundo, combina el jengibre, el ajo, la pimienta, 1 cucharada (15 ml) de aceite y la salsa hoisin. Añade la carne y remuévela para que se impregne bien. Cubre y guarda en la nevera durante al menos 4 horas hasta un máximo de 12.
2. Escurre la carne, desechando la marinada. Seca las tiras de carne con papel de cocina. Calienta una sartén antiadherente grande a fuego medio. Añade la mitad de la carne y saltea de 3 a 4 minutos o hasta que esté ligeramente dorada. Ponla en un bol y reserva. Repite con la carne restante.
3. En un bol pequeño, mezcla la maicena y el zumo de naranja.
4. Añade el aceite restante a la sartén y saltea los champiñones entre 3 y 4 minutos o hasta que estén ligeramente dorados. Agrega la carne y los jugos acumulados en la sartén. Añade la mezcla de maicena y cocina, removiendo, durante aproximadamente 3 minutos o hasta que la salsa espese. Sirve la carne adornada con ralladura de naranja y cilantro.

Esta receta es cortesía de la dietista Jennifer Garus.

Pastel de carne con relleno cremoso de maíz

Este clásico pastel de carne, muy inglés, es uno de los platos favoritos de antaño para muchas personas. Esta versión resalta el sabor con pimienta negra, pimentón y ajo.

Para 6 personas

Consejo

Este plato se puede preparar parcialmente la noche anterior a su cocción. Haz el puré de patatas, tápalo y guárdalo en la nevera. Completa los pasos 1 y 2, enfriando la carne cocida y la mezcla de cebolla por separado. Guárdalas en la nevera toda la noche. A la mañana siguiente, continúa cocinando como se indica en el paso 3.

Nutrientes por ración	
Calorías	366
Grasas	14 g
Hidratos de carbono	38 g
Proteínas	23 g
Vitamina C	21 mg
Vitamina D	19 UI
Vitamina E	1 mg
Niacina	7 mg
Folato	65 μg
Vitamina B6	0,6 mg
Vitamina B12	1,9 μg
Zinc	4,8 mg
Selenio	18 μg

- **Olla de cocción lenta.**

1 cucharada de aceite vegetal 15 ml
500 g de carne magra picada
2 cebollas, finamente picadas
4 dientes de ajo, picados
2 cucharaditas de pimentón 10 ml
1 cucharadita de sal (opcional) 5 ml
½ cucharadita de pimienta negra molida 2 ml
2 cucharadas de harina para todo uso 30 ml
1 taza de caldo de carne concentrado (sin diluir) 250 ml
2 cucharadas de pasta de tomate 30 ml
1 lata (540 ml) de maíz en crema
4 tazas de puré de patatas, sazonado con 1 cucharada (15 ml) de mantequilla, ½ cucharadita (2 ml) de sal (opcional) y ¼ de cucharadita (1 ml) de pimienta negra recién molida 1 l
¼ de taza de queso *cheddar* rallado 60 ml

1. En una sartén, calienta el aceite a fuego medio-alto. Añade la carne y cocina, deshaciéndola con una cuchara de madera, hasta que ya no esté rosada. Con una espumadera, deposítala en una olla de gres de cocción lenta. Escurre el líquido.
2. Reduce el fuego a medio. Añade las cebollas en la sartén y cocínalas hasta que se ablanden. Añade el ajo, el pimentón, la sal (si se usa) y la pimienta, y cocina, removiendo, durante 1 minuto. Espolvorea harina sobre la mezcla, remueve y cocina durante 1 minuto. Añade el caldo de carne y la pasta de tomate, remueve para que se mezcle todo y cocina, removiendo, hasta que espese.
3. Traslada la mezcla a la olla de gres de cocción lenta. Extiende el maíz uniformemente sobre la mezcla y cubre con puré de patatas. Espolvorea queso por encima, cubre y cocina a temperatura baja durante 4 a 6 horas o a temperatura alta durante 3 a 4 horas, hasta que el pastel esté caliente y burbujeante.

▶ Un consejo saludable

La carne de ternera es muy rica en hierro y vitaminas del grupo B, importantes para muchas funciones del cuerpo, incluido el uso de energía en el cerebro.

Pastel de carne a la pimienta con quinoa

La adición de quinoa y de varias especias y hierbas sacan este plato del ámbito de la cotidianidad y lo elevan a la cocina del siglo XXI.

Para 8 personas

Consejo

Para realzar el agradable sabor a nuez de la quinoa, tuéstala en una sartén (o en la cacerola que estés usando para cocinar) durante unos 4 minutos a fuego medio, removiendo constantemente, hasta que esté fragante.

Variación

Sustituye la quinoa por mijo. Para obtener el mejor sabor, antes de usarlo, tuéstalo en una sartén, removiendo hasta que esté fragante, alrededor de 5 minutos. Completa el paso 1, cocina a fuego lento el mijo durante 20 minutos, luego retira del fuego y deja reposar durante 10 minutos.

Nutrientes por ración	
Calorías	221
Grasas	8 g
Hidratos de carbono	15 g
Proteínas	22 g
Vitamina C	27 mg
Vitamina D	12 UI
Vitamina E	2 mg
Niacina	4 mg
Folato	57 µg
Vitamina B6	0,5 mg
Vitamina B12	1,7 µg
Zinc	4,2 mg
Selenio	18 µg

- **Precalienta el horno a 180 °C.**
- **Molde de 23 x 12,5 cm.**
- **Termómetro de lectura instantánea.**

¾ de taza de agua 175 ml
½ taza de caldo de carne bajo en sodio listo para usar o agua 125 ml
¾ de taza de quinoa, enjuagada 175 ml
(véase el consejo, a la izquierda)
500 g de carne de ternera muy magra, picada
250 g de salchichas, sin tripa y desmenuzadas
1 cebolla, finamente picada
1 pimiento rojo, finamente picado
½ taza de perejil fresco, finamente picado 125 ml
2 huevos grandes, batidos
1 taza de salsa de tomate reducida en sodio, dividida 250 ml
1 cucharada de pimentón dulce 15 ml
1 cucharada de comino molido 15 ml
1 cucharadita de cilantro molido 5 ml
½ cucharadita de sal 2 ml
¼ de cucharadita de cayena 1 ml

1. En una cazuela, hierve el agua y el caldo de carne. Incorpora la quinoa poco a poco. Lleva de nuevo a ebullición. Tapa y cocina a fuego lento durante 15 minutos. Retira del fuego y déjala reposar tapada durante 5 minutos. Remueve con un tenedor antes de usarla.
2. En un bol grande, añade la carne picada, las salchichas, la cebolla, el pimiento, el perejil, los huevos, 2 cucharadas (30 ml) de salsa de tomate, el pimentón, el comino, el cilantro, la sal, la cayena y la quinoa. Usando tus manos, mezcla hasta que esté bien integrado. Trasládalo al molde y esparce el resto de la salsa de tomate por encima. Cocina en el horno precalentado hasta que la temperatura alcance 75 °C en el termómetro, aproximadamente durante 1 hora.

▸ Un consejo saludable

Las especias ayudan a estimular la digestión, incluida la producción de ácido estomacal y salivación en la boca, lo cual es muy importante cuando se trata de digerir una gran porción de proteína.

Tayín de cordero con garbanzos y albaricoques

El cordero es un alimento básico para algunas personas y un placer curioso para otras. Esta versión dulce y picante saca lo mejor de este tipo de carne y añade maravillosos fitonutrientes en el proceso.

Para 6 personas

Consejos

Compra una pierna de cordero o paletilla para asar de 1,5 kg para obtener 750 g de cordero deshuesado.

Método para la olla de cocción lenta. Sigue el paso 1 y traslada el cordero a la olla de cocción lenta. Sigue el paso 2, luego añade los tomates y el caldo; lleva a ebullición. Transfiere a la olla de cocción lenta. Tapa y cocina a temperatura baja durante 6 horas o a temperatura alta durante 3, hasta que esté casi tierno. Añade los garbanzos, los albaricoques y la miel. Tapa y cocina a temperatura baja durante 1 hora o a temperatura alta durante 30 minutos.

Nutrientes por ración	
Calorías	419
Grasas	11 g
Hidratos de carbono	52 g
Proteínas	31 g
Vitamina C	14 mg
Vitamina D	0 UI
Vitamina E	2 mg
Niacina	9 mg
Folato	106 µg
Vitamina B6	0,8 mg
Vitamina B12	3 µg
Zinc	5,8 mg
Selenio	30 µg

2 cucharadas de aceite de oliva (aprox.) 30 ml
750 g de cordero magro deshuesado, cortado en dados de 2,5 cm
5 zanahorias, peladas y en rodajas gruesas
1 cebolla grande, picada
3 dientes de ajo finamente picados
1 cucharadita de jengibre molido, comino, canela y cúrcuma 5 ml
½ cucharadita de sal 2 ml
½ cucharadita de pimienta negra recién molida 2 ml
1 lata (398 ml) de tomates cortados en daditos, con jugo
1 taza de caldo de pollo listo para usar (aprox.) 250 ml
1 bote (540 ml) de garbanzos, escurridos y enjuagados
½ taza de orejones o higos secos, picados 125 ml
¼ de taza de miel líquida 60 ml

1. En una *cocotte* u horno holandés, calienta 1 cucharada (15 ml) de aceite a fuego medio-alto. Dora el cordero, en tandas, añadiendo más aceite según sea necesario. Ve dejando la carne en un plato a medida que se dore.
2. Baja el fuego a medio. Añade las zanahorias, la cebolla, el ajo, el jengibre, el comino, la canela, la cúrcuma, la sal y la pimienta; cocina, removiendo, durante unos 5 minutos o hasta que la cebolla se ablande.
3. Añade los tomates, el caldo y el cordero, junto con los jugos acumulados; lleva a ebullición. Reduce el fuego a medio-bajo, tapa y cocina lentamente durante 1 hora y media o hasta que el cordero esté tierno.
4. Añade los garbanzos, los albaricoques y la miel. Agrega más caldo si es necesario. Tapa y cocina a fuego lento durante 30 minutos o hasta que el cordero esté muy tierno.

▸ Un consejo saludable

La miel tiene propiedades preventivas contra el cáncer y contiene un poderoso antioxidante, el éster fenetílico del ácido cafeico.

Guarniciones

Col rizada/kale salteada

Esta receta fácil de preparar utiliza algunos sabores básicos asiáticos y de Oriente Medio para animar una de nuestras verduras más nutritivas.

Para 4 personas

Consejo

El tahini se usa a menudo en la cocina de Oriente Medio y es un ingrediente del hummus. Está hecho de semillas de sésamo molidas y añade un sabor a nuez a los platos.

No uses la salsa de pimiento picante si a alguien no le gustan las especias.

Nutrientes por ración	
Calorías	126
Grasas	7 g
Hidratos de carbono	14 g
Proteínas	4 g
Vitamina C	88 mg
Vitamina D	0 UI
Vitamina E	1 mg
Niacina	1 mg
Folato	52 µg
Vitamina B6	0,3 mg
Vitamina B12	0 µg
Zinc	0,5 mg
Selenio	2 µg

1 cucharada de aceite vegetal 15 ml
1 cucharadita de aceite de sésamo 5 ml
4 tazas de col rizada/kale en juliana (primero se quita la parte central dura) 1 l
2 puerros (solo las partes blancas y verde claro), en juliana
1 cucharada de tahini 15 ml
2 cucharaditas de salsa de pimiento picante 10 ml
2 cucharaditas de salsa de soja 10 ml
Pimienta blanca o negra recién molida

1. En un wok o sartén grande, calienta el aceite vegetal y el aceite de sésamo a fuego alto. Añade la col rizada/kale y los puerros; sofríe de 3 a 5 minutos o hasta que estén blandos.
2. Mezcla el tahini, la salsa de pimiento picante y la salsa de soja; vierte sobre las verduras. Sazona al gusto con pimienta. Sirve caliente.

▸ Un consejo saludable

El aceite de sésamo y el tahini proporcionan una gran cantidad del antioxidante sesamol.

Esta receta es cortesía del dietista Gerry Kasten.

Pimientos asados

El ajo en estos pimientos resalta un sabor que hará que tus invitados quieran repetir.

Salen de 3 a 4 raciones

Consejo

Siempre es bueno tener estos pimientos multiusos a mano, ya que se pueden utilizar en más de una receta. Emplea una diversidad de pimientos de colores (amarillos, rojos, naranjas y verdes) para añadir vitalidad a las salsas y las ensaladas de pasta o para usar en una de las posibles variaciones.

Si parte de la piel se adhiere a la pulpa después de que los pimientos se hayan enfriado, quítala con las manos.

Marinar pimientos en vinagre balsámico prolonga su vida útil.

Nutrientes de 1 de las 4 raciones

Calorías	97
Grasas	7 g
Hidratos de carbono	7 g
Proteínas	1 g
Vitamina C	114 mg
Vitamina D	0 UI
Vitamina E	3 mg
Niacina	1 mg
Folato	42 µg
Vitamina B6	0,3 mg
Vitamina B12	0 µg
Zinc	0,3 mg
Selenio	1 µg

- **Precalienta el horno a 180 °C.**
- **Fuente para hornear de 33 x 23 cm, engrasada.**

3 pimientos, sin semillas, en cuartos
2 cucharadas de aceite con infusión de ajo 30 ml
1 cucharada de ajo en polvo 15 ml
Sal y pimienta negra recién molida

1. Coloca los pimientos en una fuente preparada para hornear. Unta cada cuarto de pimiento con aceite de ajo y espolvorea con ajo en polvo y sal y pimienta al gusto. Cocina en el horno precalentado de 45 a 50 minutos o hasta que estén muy suaves y arrugados.
2. Pásalos a un bol, cubre con un plato y deja enfriar a temperatura ambiente. La piel se separará de forma natural de la pulpa del pimiento (véase el consejo, a la izquierda). Almacena en un recipiente hermético y guarda en la nevera durante 4 días.

Variaciones

Pimientos marinados con balsámico. Corta los pimientos asados y pelados en cuartos. Añade ½ taza (125 ml) de vinagre balsámico y remueve para que se impregnen bien. Cubre y guarda en la nevera durante 8 horas o hasta 1 semana.

Pimientos marinados con ajo. Mezcla los pimientos asados y pelados con 2 dientes de ajo, en láminas finas, y ¼ de taza (60 ml) de aceite de oliva virgen extra. Deja marinar durante varias horas o durante la noche, luego retira el ajo. Añade sal marina y pimienta negra recién molida al gusto y sirve de inmediato.

▸ Un consejo saludable

El *Allium sativum* (ajo) tiene numerosos efectos beneficiosos sobre la salud cardiovascular.

Calabacín relleno

Esta es una gran opción para cualquier momento y siempre queda bien.

Para 4 personas

Consejo

Para una mayor comodidad, utiliza un caldo de verduras en tetrabrik. Una vez abierto, este se conserva en la nevera durante 1 semana.

Nutrientes por ración	
Calorías	107
Grasas	7 g
Hidratos de carbono	5 g
Proteínas	6 g
Vitamina C	16 mg
Vitamina D	5 UI
Vitamina E	0 mg
Niacina	1 mg
Folato	25 μg
Vitamina B6	0,2 mg
Vitamina B12	0,2 μg
Zinc	0,9 mg
Selenio	3 μg

- **Precalienta el horno a 180 °C.**

¾ de taza de caldo de verduras reducido en sodio listo para usar 175 ml
2 calabacines pequeños, cortados por la mitad a lo largo
2 cebolletas picadas
2 dientes de ajo, picados
1 tomate, cortado en daditos
½ cucharadita de albahaca seca 2 ml
½ cucharadita de tomillo seco 2 ml
¼ de cucharadita de salsa de pimiento picante 1 ml
¾ de taza de queso *cheddar* rallado 175 ml

1. En una sartén grande a fuego medio-alto, hierve el caldo. Reduce el fuego a medio y añade las mitades de calabacín, con la piel hacia arriba. Cocina de 2 a 3 minutos o hasta que esté tierno. Retira el calabacín y deja enfriar. Desecha el exceso de líquido.
2. Con una cuchara, extrae la pulpa del calabacín, dejando solo la piel. Pica la pulpa del calabacín. En un bol grande, mezcla la pulpa del calabacín, las cebolletas, el ajo, el tomate, la albahaca, el tomillo y la salsa de pimiento picante. Rellena las pieles de calabacín con la mezcla y cubre con queso. Coloca las mitades de calabacín rellenas en una bandeja para hornear.
3. Cocina en el horno precalentado durante 10 minutos o hasta que esté completamente caliente y el queso derretido.

▸ Un consejo saludable

El calabacín es rico en fibra, así como en magnesio y potasio.

Esta receta es cortesía de Laurie Evans.

Postres y bebidas

Cupcakes de chocolate con chile

El chocolate y el chile se mezclan maravillosamente en esta receta. Si estás buscando un *cupcake* con chispa, este es el indicado.

Salen 12 *cupcakes*

Consejo

Es mejor servirlos el día en que se preparan.

Nutrientes por *cupcake*

Calorías	397
Grasas	18 g
Hidratos de carbono	55 g
Proteínas	5 g
Vitamina C	0 mg
Vitamina D	9 UI
Vitamina E	1 mg
Niacina	1 mg
Folato	29 µg
Vitamina B6	0,1 mg
Vitamina B12	0,1 µg
Zinc	0,3 mg
Selenio	2 µg

- **Precalienta el horno a 180 °C.**
- **Molde para *muffins* de 12 unidades, forrado con tulipas de papel**

1¼ taza de harina para todo uso 300 ml
½ taza de cacao en polvo sin azúcar, tamizado 125 ml
1 cucharada de chile en polvo 15 ml
(o 1 cucharadita/5 ml de chile chipotle en polvo)
2 cucharaditas de café expreso o café molido 10 ml
¾ de cucharadita de bicarbonato de sodio 3 ml
¼ de cucharadita de sal 1 ml
1 taza de azúcar granulado 250 ml
⅓ de taza de aceite vegetal 75 ml
1 huevo grande
1 cucharadita de extracto de vainilla 5 ml
¾ de taza de suero de leche 175 ml
1 cucharada de café instantáneo en gránulos 15 ml
½ taza de pepitas de chocolate semidulce 125 ml
Glaseado de dulce de chocolate (opcional)

1. En un bol pequeño, mezcla la harina, el cacao en polvo, el chile en polvo, el café molido, el bicarbonato de sodio y la sal.
2. En un bol grande, mezcla el azúcar, el aceite, el huevo y la vainilla hasta que quede una pasta suave. En un recipiente aparte, mezcla el suero de leche y el café instantáneo.
3. Bate alternativamente la mezcla de harina y la mezcla de suero de leche en la de aceite, añadiendo tres porciones de la mezcla de harina y dos de la de suero de leche; hazlo hasta que quede suave. Incorpora las pepitas de chocolate.
4. Coloca la masa en los moldes preparados para *muffins*. Hornea de 22 a 27 minutos o hasta que la parte superior de los *cupcakes* haya subido. Deja enfriar sobre una rejilla durante 10 minutos. Sácalos del molde y déjalos enfriar completamente sobre la rejilla. Cubre los *cupcakes*, ya fríos, con el glaseado.

Mousse de chocolate negro

Una *mousse* puede sonar a receta sofisticada que solo los expertos chefs pasteleros franceses pueden dominar, pero de hecho una excelente *mousse* de postre se puede preparar fácilmente en tu cocina.

Para 8 personas

Consejos

El azúcar extrafino se disuelve muy rápidamente en cualquier líquido. Si no puedes encontrarlo, haz el tuyo triturando azúcar granulado en un procesador de alimentos hasta que quede finamente molido.

Adorna la *mousse* con frambuesas frescas y hojitas de menta.

Nutrientes por ración	
Calorías	422
Grasas	43 g
Hidratos de carbono	15 g
Proteínas	5 g
Vitamina C	0 mg
Vitamina D	20 UI
Vitamina E	1 mg
Niacina	0 mg
Folato	11 µg
Vitamina B6	0 mg
Vitamina B12	0,1 µg
Zinc	2,9 mg
Selenio	3 µg

250 g de chocolate semiamargo, derretido
2½ tazas de nata espesa o para batir (35 %), dividida 625 ml
3 cucharadas de azúcar extrafino 45 ml
(véase el consejo, a la izquierda)
2 cucharaditas de extracto de vainilla 10 ml

1. En un bol apto para microondas, añade el chocolate y ½ taza (125 ml) de nata líquida. Calienta en el microondas a potencia alta durante 60 segundos o hasta que la nata esté caliente y el chocolate suave y casi derretido. Remueve hasta que lo esté completamente, así como homogéneo. Deja enfriar un poco.
2. En un bol mediano, usando una batidora eléctrica, monta la nata restante, el azúcar y la vainilla hasta conseguir el punto de nieve. Con una espátula de goma, mezcla el chocolate derretido con la nata batida.
3. Coloca la *mousse* en tazas pequeñas. Deja enfriar durante varias horas antes de servir.

▸ Un consejo saludable

Las grasas presentes en el chocolate son saludables para el corazón o no le afectan, pero solo si el chocolate no se ha mezclado con otros ingredientes, como caramelo o grasas hidrogenadas.

Superbatido antioxidante

Este singular batido proporciona una amplia gama de antioxidantes y mucho dulzor para equilibrar y potenciar las espinacas.

Para 2 personas

Consejo

La leche de almendras está disponible en una variedad de sabores, pero asegúrate de elegir para esta receta una que sea natural.

Nutrientes por ración	
Calorías	69
Grasas	1 g
Hidratos de carbono	14 g
Proteínas	1 g
Vitamina C	5 mg
Vitamina D	50 UI
Vitamina E	6 mg
Niacina	1 mg
Folato	29 µg
Vitamina B6	0 mg
Vitamina B12	0 µg
Zinc	0,6 mg
Selenio	0 µg

- **Licuadora.**

1 taza de espinacas tiernas 250 ml
1 taza de cerezas, arándanos o moras congeladas 250 ml
1 taza de leche de almendras natural 250 ml

1. En la licuadora, tritura las espinacas, las cerezas y la leche de almendras hasta que quede una mezcla suave. Vierte en dos vasos y sirve inmediatamente.

▸ Un consejo saludable

Además de tener un alto contenido en proteínas, la leche de almendras es una excelente fuente de vitamina E, un importante antioxidante que contribuye al funcionamiento normal del corazón y el cerebro, así como a promover un cutis saludable.

C-Blitz

Este dinámico zumo te despierta de manera eficaz y es una bebida refrescante para cualquier momento del día.

Salen de 1 a 2 raciones

Consejo

Para mantener el perejil fresco, envuélvelo en varias capas de papel de cocina e introdúcelo en una bolsa de plástico. Guárdalo en la zona menos fría de tu nevera; por ejemplo, en la zona de la mantequilla o en la puerta.

Nutrientes de 1 de las 2 raciones	
Calorías	171
Grasas	1 g
Hidratos de carbono	43 g
Proteínas	3 g
Vitamina C	217 mg
Vitamina D	0 UI
Vitamina E	2 mg
Niacina	1 mg
Folato	85 μg
Vitamina B6	0,2 mg
Vitamina B12	0 μg
Zinc	0,4 mg
Selenio	1 μg

- **Licuadora.**

1 pomelo, cortado por la mitad
2 naranjas
6 ramitas de perejil fresco
3 kiwis

1. En una licuadora, incorpora el pomelo, las naranjas, el perejil y los kiwis. Bate y vierte en uno o dos vasos más pequeños.

▸ Un consejo saludable

El perejil contiene una enorme cantidad de vitamina C y es una de las pocas hierbas frescas ampliamente disponibles durante todo el año.

Zumo de cerezas

Este zumo a base de cerezas incorpora otras dos frutas e hinojo, que favorece la digestión.

Sale 1 ración

Consejo

Es mejor utilizar las cerezas maduras de inmediato, pero pueden mantenerse en la nevera durante 2 días.

Nutrientes por ración	
Calorías	187
Grasas	1 g
Hidratos de carbono	48 g
Proteínas	3 g
Vitamina C	32 mg
Vitamina D	0 UI
Vitamina E	0 mg
Niacina	1 mg
Folato	26 µg
Vitamina B6	0,2 mg
Vitamina B12	0 µg
Zinc	0,3 mg
Selenio	1 µg

- **Licuadora.**

1 taza de cerezas sin hueso 250 ml
¼ de bulbo de hinojo fresco
1 taza de uvas 250 ml
½ lima

1. En una licuadora, incorpora las cerezas, el hinojo, las uvas y la lima. Bate y vierte en un vaso.

▸ Un consejo saludable

Las cerezas contienen numerosos antioxidantes que pueden ayudar a proteger los tejidos corporales, incluido el cerebro.

Remolacha resbaladiza

Este es un original zumo de remolacha, con el poder del ajo como acompañante.

Para 2 personas

Consejo

Guarda las remolachas sin lavar en una bolsa de plástico en la nevera durante 10 días. Lávalas justo antes de preparar el zumo.

Nutrientes por ración	
Calorías	85
Grasas	0 g
Hidratos de carbono	21 g
Proteínas	2 g
Vitamina C	9 mg
Vitamina D	0 UI
Vitamina E	0 mg
Niacina	0 mg
Folato	92 µg
Vitamina B6	0,1 mg
Vitamina B12	0 µg
Zinc	0,3 mg
Selenio	1 µg

- **Licuadora.**

2 remolachas
1 diente de ajo
1 manzana
1 cucharada de corteza de olmo resbaladizo en polvo 15 ml

1. En una licuadora, incorpora las remolachas, el ajo y la manzana. Bate con el polvo de corteza de olmo resbaladizo y vierte en un vaso.

▸ Un consejo saludable

El contenido en colina de la remolacha la convierte en un buen apoyo para el hígado, mientras que la adición de la corteza de olmo resbaladizo hace de este batido una bebida desintoxicante aún mejor.

Dunk de diente de león

Las hojas de diente de león son cada vez más conocidas como ingrediente para ensaladas o para consumir simplemente cocidas.

Sale 1 ración

Consejo

Busca hojas frescas de diente de león desde la primavera hasta el otoño en algunos supermercados, mercados de agricultores y tiendas naturistas.

Nutrientes por ración	
Calorías	260
Grasas	1 g
Hidratos de carbono	66 g
Proteínas	5 g
Vitamina C	142 mg
Vitamina D	0 UI
Vitamina E	2 mg
Niacina	1 mg
Folato	148 µg
Vitamina B6	0,4 mg
Vitamina B12	0 µg
Zinc	0,7 mg
Selenio	2 µg

- **Licuadora.**

½ taza de hojas frescas de diente de león 125 ml
¼ de repollo, cortado
2 manzanas
1 pieza de raíz de diente de león fresca de 2,5 cm

1. En una licuadora, incorpora las hojas de diente de león, el repollo, las manzanas y la raíz de diente de león. Bate y vierte en un vaso.

▸ Un consejo saludable

La raíz de diente de león apoya la función hepática y se sabe que sus hojas aumentan la actividad renal; por ello, este batido es un buen aliado de las vías naturales de desintoxicación.

Zumo de soporte celular

Un impulso nutritivo con el dulzor máximo de las manzanas.

Sale 1 ración

Consejo

Busca hojas de alfalfa enteras o cortadas secas en tiendas naturistas.

Nutrientes por ración	
Calorías	291
Grasas	1 g
Hidratos de carbono	77 g
Proteínas	2 g
Vitamina C	46 mg
Vitamina D	0 UI
Vitamina E	1 mg
Niacina	1 mg
Folato	42 µg
Vitamina B6	0,2 mg
Vitamina B12	0 µg
Zinc	0,5 mg
Selenio	0 µg

- **Licuadora.**

3 manzanas
1 puñado de perejil fresco
1 puñado de alfalfa fresca o 1 cucharada (15 ml) de alfalfa seca

1. En una licuadora, incorpora las manzanas, el perejil y, si puedes, la alfalfa fresca. Bate y vierte en un vaso grande. Si usas alfalfa seca, mezcla con el zumo.

▸ Un consejo saludable

La alfalfa solía administrarse a los convalecientes que necesitaban aumentar de peso. Esta planta también contiene algunos fitoestrógenos, lo que la hace similar a la soja.

Batido verde energético

Esta bebida verde energética puede ser un buen estimulante a media tarde o puede constituir, a lo largo del día, una ración de verduras.

Sale 1 ración

Consejo

Reduce la cantidad de leche de soja a ¼ de taza (60 ml) si usas espinacas congeladas.

Nutrientes por ración	
Calorías	257
Grasas	7 g
Hidratos de carbono	38 g
Proteínas	13 g
Vitamina C	17 mg
Vitamina D	78 UI
Vitamina E	2 mg
Niacina	3 mg
Folato	144 µg
Vitamina B6	0,3 mg
Vitamina B12	1,6 µg
Zinc	2,3 mg
Selenio	18 µg

- **Licuadora.**

2 tazas de espinacas, frescas o congeladas 500 ml
½ taza de leche de soja (véase el consejo, a la izquierda) 125 ml
¼ de taza de zumo de albaricoque 60 ml
3 cucharadas de hierba de trigo *(wheatgrass)* o cebada, picada 45 ml
1 cucharada de semillas de calabaza 15 ml
1 cucharadita de ginkgo (opcional) 5 ml

1. En la licuadora, tritura las espinacas, la leche de soja, el zumo de albaricoque, la hierba de trigo, las semillas de calabaza y el ginkgo (si lo usas), hasta que quede suave. Vierte en un vaso.

▸ Un consejo saludable

Obtener la máxima cantidad de raciones de verduras diarias depende de que aprovechemos las oportunidades para comerlas. Usar una bebida a base de vegetales (y baja en sodio) es una excelente manera de aumentar la ingesta de vegetales.

Bibliografía

Doidge, Norman. *The Brain That Changes Itself: Stories of Personal Triumph from the Frontiers of Brain Science*. Nueva York: Penguin, 2007.

Katz, Lawrence C. y Manning Rubin. *Keep Your Brain Alive: 83 Neurobic Exercises to Help Prevent Memory Loss and Increase Mental Fitness*. Nueva York: Workman, 1998.

Ratey, John J. *Spark: The Revolutionary New Science of Exercise and the Brain*. Nueva York: Little, Brown and Company, 2008.

Smith, Fraser y Ellie Aghdassi. *Keep Your Brain Young: A Health & Diet Program for Your Brain, Including 150 Recipes*. Toronto: Robert Rose, 2014.

Recursos

Sitios web

Cambridge Brain Sciences
www.cambridgebrainsciences.com

Happy Neuron
www.happy-neuron.com

Lumosity
www.lumosity.com

Multiple Intelligences for Adult Literacy and Education
www.literacynet.org/mi/assessment/findyourstrengths.html

Psychology Today
http://psychologytoday.tests.psychtests.com

Aplicaciones

Elevate: Your personal brain trainer
http://elevateapp.com/#/

NeuroNation
www.neuronation.com

Videojuegos

Echochrome
www.playstation.com/en-us/games/echochrome-ps3

Minecraft
https://minecraft.net

Autores que han colaborado en esta obra

Alexandra Anca y **Teresa Santandrea-Cull**: *Complete Gluten-Free Diet and Nutrition Guide*; las recetas de este libro se encuentran en las páginas 223, 226, 236, 245, 251 y 254.

Byron Ayanoglu con contribuciones de **Algis Kemezys**: *125 Best Vegetarian Recipes*; las recetas de este libro se encuentran en las páginas 233 y 249.

Byron Ayanoglu y **Jennifer MacKenzie**: *Complete Curry Cookbook*; en la página 271 se encuentra una receta de este libro.

Johanna Burkhard: *500 Best Comfort Food Recipes*; las recetas de este libro se encuentran en las páginas 222, 231, 268 y 278.

Johanna Burkhard: *The Comfort Food Cookbook*; en la página 253 se encuentra una receta de este libro.

Pat Crocker: *The Juicing Bible*; las recetas de este libro se encuentran en las páginas 287 a 292.

Pat Crocker: *The Vegan Cook's Bible*; en la página 237 se encuentra una receta de este libro.

Dietitians of Canada: *Cook!*; las recetas de este libro se encuentran en las páginas 218, 262 y 275.

Dietitians of Canada: *Cook Great Food*; las recetas de este libro se encuentran en las páginas 241, 263 y 274.

Dietitians of Canada: *Simply Great Food*; las recetas de este libro se encuentran en las páginas 264 y 280.

Maxine Effenson-Chuck y **Beth Gurney**: *125 Best Vegan Recipes*; las recetas de este libro se encuentran en las páginas 230 y 260.

Judith Finlayson: *150 Best Slow Cooker Recipes*; en la página 272 se encuentra una receta de este libro.

Judith Finlayson: *The Complete Gluten-Free Whole Grains: Cookbook*; las recetas de este libro se encuentran en las páginas 219 y 277.

Judith Finlayson: *The Vegetarian Slow Cooker*; en la página 257 se encuentra una receta de este libro.

Julie Hasson: *300 Best Chocolate Recipes*; las recetas de este libro se encuentran en las páginas 284 y 285.

Lynn Roblin, Nutrition Editor: *500 Best Healthy Recipes*; las recetas de este libro se encuentran en las páginas 246 y 247.

Deb Roussou: *350 Best Vegan Recipes*; las recetas de este libro se encuentran en las páginas 221 y 235.

Camilla V. Saulsbury: *5 Easy Steps to Healthy Cooking*; las recetas de este libro se encuentran en las páginas 216, 220, 224, 229, 248, 250 y 286.

Camilla V. Saulsbury; *500 Best Quinoa Recipes*; las recetas de este libro se encuentran en las páginas 217 y 256.

Camilla V. Saulsbury: *750 Best Muffin Recipes*; las recetas de este libro se encuentran en las páginas 227 y 228.

Carla Snyder y **Meredith Deeds**: *300 Sensational Soups*; las recetas de este libro se encuentran en las páginas 239 y 242.

Linda Stephen: *Complete Book of Thai Cooking*; las recetas de este libro se encuentran en las páginas 266, 270 y 272.

Suneeta Vaswani: *Easy Indian Cooking*; en la página 269 se encuentra una receta de este libro.

Katherine E. Younker, Editor: *America's Complete Diabetes Cookbook*; las recetas de este libro se encuentran en las páginas 265 y 276.